水利工程概预算
案例分析

王博 著

U0238172

中国水利水电出版社
www.waterpub.com.cn
·北京·

内 容 提 要

为帮助广大学生更好地掌握工程概预算编制这项工作，适应市场经济条件下工程造价工作的需要，特编制本书。本书在概述水利工程概预算的基础上，结合工程实例分析了基础单价的计算过程，通过张集闸工程、营船港闸工程及排水箱涵工程概预算编制实例，详细阐述了概预算的编制过程。

本书以相关水利工程概预算定额及有关文件为基础，结合相关实例，对水利工程概预算编制的方法、内容以及过程均做了较为详细的讲述，具有很强的实用性和可操作性，是一本简明实用的工具书。

本书可作为高等学校水利类相关专业的教学参考书，也可供从事水利工程概预算编制人员使用。

图书在版编目（CIP）数据

水利工程概预算案例分析 / 王博著. -- 北京 ：中国水利水电出版社，2019.9
ISBN 978-7-5170-8048-0

Ⅰ．①水… Ⅱ．①王… Ⅲ．①水利工程－概算编制－高等学校－教材②水利工程－预算编制－高等学校－教材
Ⅳ．①TV512

中国版本图书馆CIP数据核字（2019）第202425号

书　　名	**水利工程概预算案例分析** SHUILI GONGCHENG GAI - YU SUAN ANLI FENXI	
作　　者	王博　著	
出版发行	中国水利水电出版社 （北京市海淀区玉渊潭南路1号D座　100038） 网址：www. waterpub. com. cn E - mail：sales@ waterpub. com. cn 电话：（010）68367658（营销中心）	
经　　售	北京科水图书销售中心（零售） 电话：（010）88383994、63202643、68545874 全国各地新华书店和相关出版物销售网点	
排　　版	中国水利水电出版社微机排版中心	
印　　刷	清淞永业（天津）印刷有限公司	
规　　格	170mm×240mm　16开本　12.75印张　269千字　4插页	
版　　次	2019年9月第1版　2019年9月第1次印刷	
印　　数	0001—2000册	
定　　价	**34.00**元	

前　言

  水利工程概预算编制是工程设计的重要组成部分，是工程建设的主要依据，对水利工程经济效益的保证起到重要的作用。因此，培养具有扎实理论知识及较强实践能力的工程概预算编制人员具有重要意义。

  本书主要针对水利工程造价专业的学生，为帮助广大学生更好地掌握工程概预算编制这项工作，适应市场经济条件下工程造价工作的需要，特编制本书。本书共分5章，第1章对水利工程概预算进行了概述，第2章结合工程实例分析了基础单价的计算过程，第3~5章通过张集闸工程、营船港闸工程及排水箱涵工程概预算编制实例，详细阐述了概预算的编制过程。本书以相关水利工程概预算定额及有关文件为基础，结合相关实例，对水利工程概预算编制的方法、内容以及过程均做了较为详细的讲述，具有很强的实用性和可操作性，是一本简明实用的工具书。

  在本书的成稿过程中，华北水利水电大学聂相田、牛立军、曹永潇、魏怀斌、刘晨、崔志瑞、郭莹莹、李颖、朱莎莎、常晶、李智勇、邰军艳、刘贝贝、徐立鹏、冯凯、范天雨、丁振宇、张颜、刘梦琪、姜绿圃、王守明、凌磊、崔玉荣、庄濮瑞、王毓浩、田静等给予了帮助和支持，在此一并致谢。

  为保证本书的实用性和科学性，在本书编写过程中参考了有关部门、单位和个人的部分参考资料，在此表示衷心的感谢。由于作者水平有限，书中错误及疏漏之处在所难免，恳请广大读者批评指正。

作者

2019 年 7 月

目　　录

第1章 绪 论

1.1 水利工程概预算概述

1.1.1 水利工程造价计算的种类

水利工程造价，是根据不同设计阶段的具体内容和有关定额、指标分阶段进行编制的。根据我国基本建设程序的规定，水利工程在工程的不同建设阶段要编制相应的工程造价，一般有以下几种。

1. 投资估算

投资估算是指在项目建议书阶段、可行性研究阶段对建设工程造价的预测，它应考虑多种可能的需要、风险、价格上涨等因素，要打足投资、不留缺口，适当留有余地。它是设计文件的重要组成部分，是编制基本建设计划、实行基本建设投资大包干、进行建设资金筹措的依据；也是考核设计方案和建设成本是否合理的重要依据；还是可行性研究报告的重要组成部分，是业主为选定近期开发项目、做出科学决策和进行初步设计的重要依据。投资估算是工程造价全过程管理的"龙头"，抓好这个"龙头"具有十分重要的意义。

投资估算是建设单位向国家或主管部门申请基本建设投资时，为确定建设项目投资总额而编制的技术经济文件，它是国家或主管部门确定基本建设投资计划的重要文件。主要根据估算指标、概算指标或类似工程的预（决）算资料进行编制。投资估算控制初设概算，它是工程投资的最高限额。

2. 设计概算

设计概算是指在初步设计阶段，设计单位为确定拟建基本建设项目所需的投资额或费用而编制的工程造价文件。它是设计文件的重要组成部分。由于初步设计阶段对建筑物的布置、结构型式、主要尺寸以及机电设备型号、规格等均已确定，所以概算是对建设工程造价有定位性质的造价测算，设计概算不得突破投资估算。设计概算是编制基本建设计划，实行基本建设投资大包干，进行建设资金筹措的依据；也是考核设计方案和建设成本是否合理的依据。设计单位在报批设计文件的同时，要报批设计概算；设计概算经过审批后，就成为国家控制该建设项目总投资的主要依据，不得任意突破。水利工程采用设计概算作为编制施工招标标底、利用外资概算和执行概算的依据。

工程开工时间与设计概算所采用的价格水平不在同一年份时，按规定由设计单位根据开工年的价格水平和有关政策重新编制设计概算，这时编制的概算一般称为调整概算。调整概算仅仅是在价格水平和有关政策方面的调整，工程规模及工程量与初步设计均保持不变。

3. 修改概算

对于某些大型工程或特殊工程，当采用三阶段设计时，在技术设计阶段，随着设计内容的深化，可能出现建设规模、结构造型、设备类型和数量等内容与初步设计相比有所变化的情况，设计单位应对投资额进行具体核算，对初步设计总概算进行修改，即编制修改设计概算，作为技术文件的组成部分，修改概算是在量（指工程规模或设计标准）和价（指价格水平）都有变化的情况下，对设计概算的修改。由于绝大多数水利工程都采用两阶段设计（即初步设计和施工图设计），未作技术设计，故修改概算也就很少出现。

4. 业主预算

业主预算是在已经批准的初步设计概算基础上，对已经确定实行投资包干或招标承包制的大中型水利工程建设项目，根据工程管理与投资的支配权限，按照管理单位及分标项目的划分，进行投资的切块分配，以便于对工程投资进行管理与控制，并作为项目投资主管部门与建设单位签订工程总承包（或投资包干）合同的主要依据。它是为了满足业主控制和管理的需要，按照总量控制、合理调整的原则编制的内部预算，业主预算也称为执行预算。

业主预算项目，原则上划分为四个部分和四个层次。即第一层次划分为业主管理项目、建设单位管理项目、招标项目和其他项目四部分。第二、第三、第四层次的项目划分，原则上按行业主管部门颁布的工程项目划分，结合业主预算的特点、工程的具体情况和工程投资管理的要求设定。一般情况下，业主预算的价格水平与设计概算的人工、材料、机具等基础价格水平应保持一致，以便与设计概算进行对比。

5. 标底与报价

标底是招标工程的预期价格，它主要是以招标文件、图纸，按有关规定，结合工程的具体情况，计算出的合理工程价格。它是由业主委托具有相应资质的设计单位、社会咨询单位编制完成的，包括发包造价、与造价相适应的质量保证措施及主要施工方案、为了缩短工期所需的措施费等。其中，主要是合理的发包造价，其应在编制完成后报送招标投标管理部门审定。标底的主要作用是招标单位在一定浮动范围内合理控制工程造价、明确自己在发包工程上应承担的财务义务。标底也是投资单位考核发包工程造价的主要尺度。

报价，即投标报价，是施工企业（或厂家）对建筑工程施工产品（或机电、金属结构设备）的自主定价。它反映的是市场价格，体现了企业的经营管理、技术和装备水平。中标报价是基本建设产品的成交价格。

6. 施工图预算

施工图预算是指在施工图设计阶段，根据施工图纸、施工组织设计、国家颁布的预算定额和工程量计算规则、地区材料预算价格、施工管理费标准、企业利润率、税金等，计算每项工程所需人力、物力和投资额的文件。它应在已批准的设计概算控制下进行编制。它是施工前组织物资、机具、劳动力，编制施工计划，统计完成工作量，办理工程价款结算，实行经济核算，考核工程成本，实行建筑工程包干和建设银行拨（贷）工程款的依据。它是施工图设计的组成部分，由设计单位负责编制。它的主要作用是确定单位工程项目造价，是考核施工图设计经济合理性的依据。一般建筑工程以施工图预算作为编制施工招标标底的依据。施工图预算与设计概算的区别有以下几点。

（1）编制费用内容不完全相同。设计概算包括建设项目从筹建开始至全部项目竣工和交付使用前的全部建设费用。施工图预算一般包括建筑工程、设备及安装工程、施工临时工程等。建设项目的设计概算除包括施工图预算的内容外，还应包括独立费用以及及移民和环境部分的费用。

（2）编制阶段不同。建设项目设计概算的编制，是在初步设计阶段进行的，由设计单位编制。施工图预算是在施工图设计完成后，由设计单位编制的。

（3）审批过程及其作用不同。设计概算是初步设计文件的组成部分，由有关主管部门审批，作为建设项目立项和正式列入年度基本建设计划的依据。只有在初步设计图纸和设计概算经审批同意后，施工图设计才能开始，因此它是控制施工图设计和预算总额的依据。施工图预算先报建设单位初审，然后再送交通建设银行经办行审查认定，就可作为拨付工程价款和竣工结算的依据。

（4）概预算的分项大小和采用的定额不同。设计概算分项和采用定额，具有较强的综合性，设计概算采用概算定额。施工图预算用的是预算定额，预算定额是概算定额的基础。另外，设计概算和施工图预算采用的分级项目不同，设计概算一般采用三级项目，施工图预算一般采用比三级项目更细的项目。

7. 施工预算

施工预算是指在施工阶段，施工单位为了加速企业内部经济核算，节约人工和材料、合理使用机械，在施工图预算的控制下，通过工料分析，计算拟建工程工料和机具等需要量，并直接用于生产的技术经济文件。它是根据施工图的工程量、施工组织设计或施工方案和施工定额等资料进行编制的。

8. 竣工结算

竣工结算是施工单位与建设单位对承建工程项目的最终结算（施工过程中的结算属于中间结算）。竣工结算与竣工决算是完全不同的两个概念，其主要区别在于：一是范围不同，竣工结算的范围只包含承建工程项目，是基本建设的局部，而竣工决算的范围是基本建设的整体；二是成本不同，竣工结算只包含承包合同范围内的预算成本，而竣工决算是完整的预算成本，它还要计入工程建设的独立费用、建设期融资利息等工程成本和费用。由此可见，竣工结算是竣工决算的基础，只有先完成竣工结算才有条件编制竣工决算。

9. 竣工决算

竣工决算是指建设项目全部完工后，在工程竣工验收阶段，由建设单位编制的从项目筹建到建成投资全部费用的技术经济文件。它是建设投资管理的重要环节，是工程竣工验收、交付使用的重要依据，也是进行建设项目财务总结，银行对其实行监督的必要手段。

基本建设程序与各阶段的工程造价之间的关系如图 1.1.1 所示。

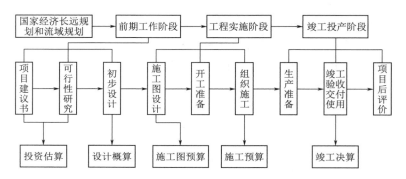

图 1.1.1 基本建设程序与各阶段工程造价之间的关系

1.1.2 水利工程概预算编制

1. 水利工程费用划分

水利工程一般投资多，规模庞大，包括的建筑物及设备种类繁多，形式各异。因此，在编制概预算时，必须深入工程现场，收集第一手资料，熟悉设计图纸，认真划分工程建设包含的各项内容和费用，做到既不重复又不遗漏。水利工程建设项目费用按现行划分办法包括工程部分及移民环境部分，其中工程部分包括建筑安装工程费、独立费用、预备费和建设期融资利息，建筑及安装工程费由直接费、间接费、企业利润、材料补差和税金四部分组成；移民环境部分由建设征地移民补偿、水土保持工程及环境保护工程组成。

编制水利工程概预算，就是在不同的设计阶段，根据设计深度及掌握的资料，按设计要求编制这些费用。因此，针对具体工程情况，认真分析费用的组成，是编制工程概预算的基础和前提。

2. 编制水利工程概预算的程序

在收集好各种现场资料、定额、文件等并划分好工程项目以后，应编制工程的人工预算单价，材料预算价格，砂石料预算单价，施工用电、风、水预算单价和施工机械台时费，作为编制概预算单价的基础资料，然后编写分部分项工程概预算，汇总分部分项工程概预算以及其他费用，编制工程总概算。

在选用定额编制工程概预算单价时，应根据施工组织设计规定的施工方法、工艺流程、机械设备配置、运输距离，选定条件相符的定额，乘以各项价格，并计入相关费用，即可求得所需的工程单价。由于每个具体工程项目施工时，实际情况和定额规定的劳动组合、施工措施不可能完全一致，这时应选用定额条件与实际情况相近的规定，不允许对定额水平作修改和变动。当定额条件与实际情况相差较大时，或定额缺项时，应按有关规定编制补充定额，经上级主管部门审批后，作为编制概预算的依据。

随着社会、经济和科学技术的发展，各种定额也是在发展的，在编制概预算时必须选用现行定额。目前，水利系统大中型水利水电工程执行水利部2002年颁布的《水利建筑工程概算定额》（上、下册）、《水利水电设备安装工程概算定额》、《水利建筑工程预算定额》（上、下册）、《水利水电设备安装工程预算定额》、《水利工程施工机械台时费定额》；2005年9月水利部颁布的《水利工程概预算补充定额》作为2002年版定额的补充，与其同时配套使用；2014年水利部新颁布的《水利工程设计概（估）算编制规定》（水总〔2014〕429号）与2002年定额配套使用；2016年水利部发布的《水利工程营业税改征增值税计价依据调整办法》（办水总〔2016〕132号）；2019年水利部发布的《水利部办公厅关于调整水利工程计价依据增值税计算标准的通知》（办财务函〔2019〕44号）。对于大中型水力发电工程，采用国家电力公司2002年颁发的概预算定额和编制规定；中小型水利水电工程采用本地区的有关定额。在使用定额编制概预算的过程中，要密切注意现行定额的变化和有关费用标准、编制办法、规定的变化，做到始终采用现行定额和规定。本书以下各章以水利系统水利水电工程（称水利工程）为对象进行阐述。由于水利工程和水力发电工程编制概预算的基本方法大同小异，因此，本书介绍的基本原理和方法对两者都是适用的。

1.2 水利工程概预算的编制

1.2.1 工程概预算的编制依据

工程概预算编制的主要依据如下。

（1）国家和上级主管部门颁发的有关法令、制度、规定。

（2）设计文件和图纸。编制概算以初步设计为依据，编制施工图预算以施工图设计为依据。

（3）水利水电基本建设工程设计概算编制规定和编制细则。

（4）现行定额与费用标准。编制概算和预算分别采用相应的概算或预算定额。费用标准以现行的有关部门颁发的水利水电工程设计概（估）算费用构成与计算标准为准。

（5）国家或各部委、省、自治区、直辖市颁发的设备、材料的出厂价格，有关合同协议等。简单概括来说，编制概预算的依据包括：①编规；②定额；③价格水平；④设计资料。

1.2.2　工程概预算的编制方法

水利水电工程建设项目的特点决定了其概预算的编制方法与一般建筑工程的概预算编制方法有所不同。

水利水电基本建设工程概预算编制的基本方法是单位估价法。其计算方法是：根据概预算编制阶段的设计深度，将整个建设项目按项目划分规定系统地逐级划分为若干个简单的便于计算的基本构成项目。这些项目应当与所采用定额的项目一致，能以适当的计量单位计算工程量和按定额计算人工费、材料费和机械使用费的单位价格。在此基础上再按规定费率计入产品成本的其他有关费用，其总和即构成项目的工程单价。用工程量乘以工程单价即可以求得各基本构成项目的合价，逐级汇总，再加上设备购置费，便可以计算出建筑安装工程的概预算价格。

对整个建设项目来说，在编制概算阶段，除建筑安装工程概算价格以外，还需要按照国家规定计算出与工程建设有关却又不宜列入建筑安装工程价格的各项费用（称为独立费用）和必要的预备费用。

1.2.3　工程概预算的编制程序及具体内容

1. 了解工程概况

从事各阶段概预算编制工作的人员要熟悉上一阶段的设计文件和本阶段的设计工作，从而了解工程规模、地形地质、枢纽布置、机组机型、主要水工建筑物的结构型式和技术数据、施工场地布置、对外交通方式、施工导流、施工进度及主体工程施工方法等。

2. 调查研究、收集资料

（1）深入现场，实地勘察，了解枢纽工程和施工场地的布置情况、现场地形、砂砾料与天然建筑材料场的开采运输条件、场内外交通运输条件和运输方式等情况。

（2）到上级主管部门和工程所在地省（自治区、直辖市）的劳资、计划、物资供应、交通运输和供电等有关部门及施工单位和设备制造厂家，搜集编制概预算的各项基础资料及有关规定，如材料设备价格、主要材料来源地、运输方法与运价标准和供电价格等。

（3）新技术、新工艺、新定额资料的收集与分析，为编制补充施工机械台时费和补充定额收集必要的资料。

3. 编制基础单价

基础单价是编制工程单价时计算人工费、材料费和机械使用费所必需的最基本的价格资料，是编制工程概预算的最重要的基础数据，必须按实际资料和有关规定认真、慎重地计算确定。水利水电工程概预算基础单价有人工、材料预算单价，施工用风、水、电预算价格，施工机械使用费、自采砂石料单价及混凝土材料单价。

4. 编制主要工程单价

（1）设计概算。设计概算是初步设计文件中的重要组成部分，它的内容包括了一个建设项目从筹建到竣工验收过程中发生的全部费用。工程中要求根据初步设计图纸、概算定额及有关规定编制如下的工程单价。

1）主要建筑工程中除细部结构以外的所有项目。

2）交通工程中的主要工程。

3）设备安装工程。

4）临时工程中的施工导流工程和施工交通工程中影响投资较大的项目。

经批准的初步设计总概算在项目建设中起着重要的组织和控制作用，它是建设项目全部费用的最高限额文件。在概算阶段，设计概算一般按《水利水电基本建设工程项目划分》规定划分至三级项目，依此计算工程单价。

（2）施工图预算。施工图预算的内容包括建筑工程费用和设备安装工程费用两部分，它是确定建筑产品预算价格的文件。具体编制时要求根据施工图、施工组织设计和预算定额及费用标准，以单位工程或扩大单位工程为对象，按分部分项的四级至五级项目编制建筑安装工程的单价。

5. 计算工程量

工程量的计算在工程概预算编制中占有相当重要的地位，其精度直接影响到概预算质量的高低，计算时必须按施工图纸和《水利水电工程设计工程量计算规定》进行操作，并列出相应项目的清单。为了防止漏项少算或高估冒算，必须建立和健全检查复核制度，以确保工程量计算的准确性。

6. 编制各种概预算表

设计概算要分别编制建筑工程、机电设备及安装工程、金属结构设备及安装工程、临时工程及独立费用概算表，在此基础上编制工程部分总概算表、工程概算总表和分年度投资表。

由于施工图设计阶段常根据工期分期提出施工图纸，所以施工图预算也可根据先后施工的工程项目（一级或二级项目）分期编制。如某水库工程可按照输水隧洞、拦河大坝、溢洪道、水电站、交通工程等分项分期编制施工图预算。施工图预算只编制本工程项目中的建筑工程与设备安装工程预算表。

7. 编制说明书及附件

（1）设计概算的编制说明。

1）工程规模、工程地点、对外交通方式、资金来源、主要编制依据、人工预算单价、主要材料及设备预算价格的计算原则、工程总投资和总造价、单位投资和单位造价，以及其他应说明的问题，最后填写主要技术经济指标简表。

2）设计概算的附件基本都是前述各项工作的计算书及成果汇总表。

（2）施工图预算的编制说明。

1）编制依据、工程简要情况、编制中需要说明的有关事项及定额执行中的有关问题等内容。

2）施工图预算的重要附件是人工、材料、机械台时分析表。此表应根据工程量及工程单价表中的工日、材料、机械台时数逐级计算汇总编制。

编制说明的目的主要是让各方人员了解概预算在编制过程中对某些问题的处理情况，至于编制说明的条款数目，则应视单项工程的大小、重要性和繁简程度自行增减。

1.3　水利建设项目费用构成

建设项目费用是指工程项目从筹建到竣工验收、交付使用所需要的各种费用。水利工程建设项目费用包括工程部分和移民环境部分，具体费用构成如图 1.3.1 所示。

移民环境部分中建设征地移民补偿、环境保护工程、水土保持工程的费用构成分别按《水利工程建设征地移民补偿投资概（估）算编规定》《水利工程环境保护设计概（估）算编制规定》和《水土保持工程概（估）编制规定》执行。本节将主要针对工程部分，依据《水利工程设计概（估）算编制规定》（水总〔2014〕429 号）和《水利工程营业税改征增值税计价依据调整办法》〔以下简称《水利营改增计价办法》（办水总〔2016〕132 号）〕和《水利部办公厅关于调整水利工程计价依据增值税计算标准的通知》（办财务函〔2019〕448 号）的相关规定，介绍其费用的构成情况及相应计算方法。

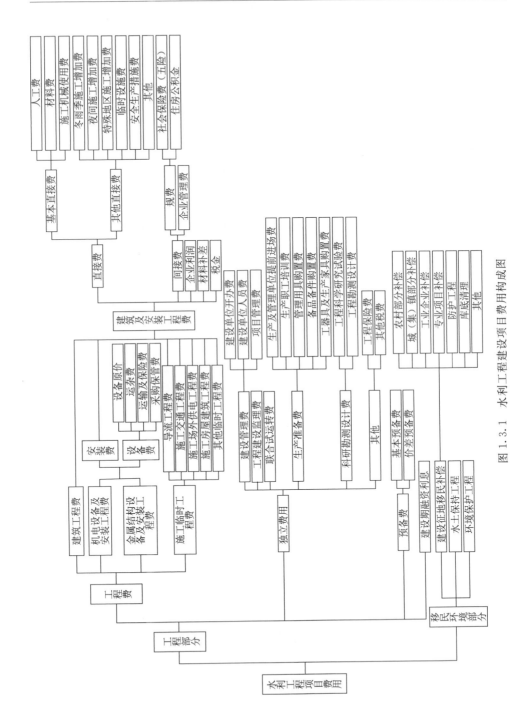

图 1.3.1 水利工程建设项目费用构成图

1.3.1 建筑及安装工程费

建筑及安装工程费是指建设单位支付给从事建筑、安装工程施工单位的全部生产费。根据《水利工程设计概（估）算编制规定》（水总〔2014〕429号），建筑及安装工程费由直接费、间接费、利润、材料补差和税金5项组成。

1. 直接费

直接费指建筑安装工程施工过程中直接消耗在工程项目上的活劳动和物化劳动。它与分项、分部工程的规模、数量、建筑材料、施工工艺、施工条件等因素密切相关。由基本直接费、其他直接费组成。

（1）基本直接费。基本直接费包括人工费、材料费、施工机械使用费。

1）人工费。人工费指直接从事建筑安装工程施工的生产工人开支的各项费用，内容包括：

a. 基本工资。由岗位工资和年应工作天数内非作业天数的工资组成。

a）岗位工资。指按照职工所在岗位各项劳动要素测评结果确定的工资。

b）生产工人年应工作天数以内非作业天数的工资，包括生产工人开会学习、培训期间的工资，调动工作、探亲、休假期间的工资，因气候影响的停工工资，女工哺乳期间的工资，病假在6个月以内的工资及产、婚、丧假期的工资。

b. 辅助工资。指在基本工资之外，以其他形式支付给生产工人的工资性收入，包括根据国家有关规定属于工资性质的各种津贴，主要包括艰苦边远地区津贴、施工津贴、夜餐津贴、节假日加班津贴等。

2）材料费。材料费指用于建筑安装工程项目上的消耗性材料、装置性材料和周转性材料摊销费。包括定额工作内容规定应计入的未计价材料和计价材料。

材料预算价格一般包括材料原价、运杂费、运输保险费和采购及保管费4项。

a. 材料原价。指材料指定交货地点的价格。

b. 运杂费。指材料从指定交货地点至工地分仓库或相当于工地分仓库（材料堆放场）所发生的全部费用。包括运输费、装卸费及其他杂费。

c. 运输保险费。指材料在运输途中的保险费。

d. 采购及保管费。指材料在采购、供应和保管过程中所发生的各项费用。主要包括材料的采购、供应和保管部门工作人员的基本工资、辅助工资、职工福利费、劳动保护费、养老保险费、失业保险费、医疗保险费、工伤保险费、生育保险费、住房公积金、教育经费、办公费、差旅交通费及工具用具使用费；仓库、转运站等设施的检修费、固定资产折旧费、技术安全措施费；材料在运输、保管过程中发生的损耗等。

3）施工机械使用费。施工机械使用费指消耗在建筑安装工程项目上的机械磨损、维修和动力燃料费用等。包括折旧费、修理及替换设备费、安装拆卸费、机上人工费和动力燃料费等。

　　a. 折旧费。指施工机械在规定使用年限内回收原值的台时折旧摊销费用。

　　b. 修理及替换设备费。

　　a）修理费指施工机械使用过程中，为了使机械保持正常功能而进行修理所需的摊销费用和机械正常运转及日常保养所需的润滑油料、擦拭用品的费用，以及保管机械所需的费用。

　　b）替换设备费指施工机械正常运转时所耗用的替换设备及随机使用的工具附具等摊销费用。

　　c. 安装拆卸费。指施工机械进出工地的安装、拆卸、试运转和场内转移及辅助设施的摊销费用。部分大型施工机械的安装拆卸不在其施工机械使用费中计列，包含在其他施工临时工程中。

　　d. 机上人工费。指施工机械使用时机上操作人员人工费用。

　　e. 动力燃料费。指施工机械正常运转时所耗用的风、水、电、油和煤等费用。

　　（2）其他直接费。其他直接费是指除上述直接费以外在施工过程中直接发生的其他费用，包括冬雨季施工增加费、夜间施工增加费、特殊地区施工增加费、临时设施费、安全生产措施费和其他费用。

　　1）冬雨季施工增加费。冬雨季施工增加费指在冬雨季施工期间为保证工程质量所需增加的费用。包括增加施工工序，增设防雨、保温、排水等设施增耗的动力、燃料、材料以及因人工、机械效率降低而增加的费用。

　　冬雨季施工增加费按基本直接费的百分率计算，不同地区的费率见表 1.3.1。

表 1.3.1　　　　　　　　不同地区冬雨季施工增加费费率

序号	地区类型	各地区所包含的省（自治区、直辖市）	计算基础	冬雨季施工增加费费率/%		备 注
				建筑工程	机电、金属结构设备安装工程	
1	西南区、中南区、华东区	西南区：重庆、四川、贵州、云南等4个省（直辖市）；中南区：河南、湖北、湖南、广东、广西、海南等6个省（自治区）华东区：上海、江苏、浙江、安徽、福建、江西、山东等7个省（直辖市）	基本直接费	0.5～1.0		按规定不计冬季施工增加费的地区取小值，计算冬季施工增加费的地区可取大值

续表

序号	地区类型	各地区所包含的省 （自治区、直辖市）	计算 基础	冬雨季施工增加费 费率/%		备 注
				建筑 工程	机电、金属 结构设备安 装工程	
2	华北区	华北区：北京、天津、河 北、山西、内蒙古等5个省 （自治区、直辖市）	基本 直接费		1.0～2.0	内蒙古等较严 寒地区可取大 值，其他地区取 中值或小值
3	西北区、 东北区	西北区：陕西、甘肃、青 海、宁夏、新疆等5个省（自 治区） 东北区：辽宁、吉林、黑 龙江3个省	基本 直接费		2.0～4.0	陕西、甘肃 等省取小值， 其他地区可取 中值或大值
4	西藏 自治区		基本 直接费		2.0～4.0	—

2）夜间施工增加费。夜间施工增加费指施工场地和公用施工道路的照明费用。照明线路工程费用包括在"临时设施费"中；施工附属企业系统、加工厂、车间的照明费用，列入相应的产品中，均不包括在本项费用之内。

夜间施工增加费按基本直接费的百分率计算，见表1.3.2。

表1.3.2　　　　　　　　　　夜间施工增加费费率表

序号	工程性质	计算基础	夜间施工增加费费率/%	
			建筑工程	机电、金属结构设备安装工程
1	枢纽工程	基本直接费	0.5	0.7
2	引水工程	基本直接费	0.3	0.6
3	河道工程	基本直接费	0.3	0.5

3）特殊地区施工增加费。特殊地区施工增加费指在高海拔、原始森林、沙漠等特殊地区施工而增加的费用。其他特殊增加费（如酷热、风沙时的增加费），应按工程所在地区规定的标准计算；地方没有规定的不得计算此项费用。

4）临时设施费。临时设施费指施工企业为进行建筑安装工程施工所必需的但又未被划入施工临时工程的临时建筑物、构筑物和各种临时设施的建设、维修、拆除、摊销等。如：供风、供水（支线）、供电（场内）、照明、供热系统及通信支线，土石料场，简易砂石料加工系统，小型混凝土拌和浇筑系统，木工、钢筋、机修等辅助加工厂，混凝土预制构件厂，场内施工排水、场地平整、道路养护及其他小型临时设施等。

临时设施费按基本直接费的百分率计算，见表1.3.3。

表1.3.3　　　　　临时设施费费率表

序号	工程性质	计算基础	临时设施费费率/%		备　注
			建筑工程	机电、金属结构设备安装工程	
1	枢纽工程	基本直接费	3.0		
2	引水工程	基本直接费	1.8～2.8		若工程自采加工人工砂石料，费率取上限；若工程自采加工天然砂石料，费率取中值；若工程采用外购砂石料，费率取下限
3	河道工程	基本直接费	1.5～1.7		灌溉田间工程取下限，其他工程取中上限

5）安全生产措施费。安全生产措施费指为保证施工现场安全作业环境及安全施工、文明施工需要，在工程设计已考虑的安全支护措施之外发生的安全生产、文明施工相关费用。

安全生产措施费按基本直接费的百分率计算，见表1.3.4。

表1.3.4　　　　　安全生产措施费费率表

序号	工程性质	计算基础	安全生产措施费费率/%		备　注
			建筑工程	机电、金属结构设备安装工程	
1	枢纽工程	基本直接费	2.0		
2	引水工程	基本直接费	1.4～1.6		一般取下限标准，隧洞、渡槽等大型建筑物较多的引水工程、施工条件复杂的引水工程取上限标准
3	河道工程	基本直接费	1.2		

6）其他费用。

其他费用按基本直接费的百分率计算，见表1.3.5。

2．间接费

间接费指施工企业为建筑安装工程施工而进行组织与经营管理所发生的各项费用。间接费构成产品成本，由规费和企业管理费组成。

（1）规费。规费指政府和有关部门规定必须缴纳的费用。包括社会保险费和住房公积金。

表 1.3.5 其 他 费 用 费 率 表

序号	工程性质	计算基础	其他费用费率/%	
			建筑工程	机电、金属结构设备安装工程
1	枢纽工程	基本直接费	1.0	1.5
2	引水工程	基本直接费	0.6	1.1
3	河道工程	基本直接费	0.5	1.0

注 1. 砂石备料工程其他直接费费率取 0.5%。
　　2. 掘进机施工隧洞工程其他直接费取费费率执行以下规定：土石方类工程、钻孔灌浆及锚固类
　　工程，其他直接费费率为 2%～3%；掘进机由建设单位采购、设备费单独列项时，台时费中
　　不计折旧费，土石方类工程、钻孔灌浆及锚固类工程的其他直接费费率为 4%～5%。敞开式
　　掘进机费率取低值，其他掘进机取高值。

1）社会保险费。

a. 养老保险费。指企业按照规定标准为职工缴纳的基本养老保险费。

b. 失业保险费。指企业按照规定标准为职工缴纳的失业保险费。

c. 医疗保险费。指企业按照规定标准为职工缴纳的基本医疗保险费。

d. 工伤保险费。指企业按照规定标准为职工缴纳的工伤保险费。

e. 生育保险费。指企业按照规定标准为职工缴纳的生育保险费。

2）住房公积金。指企业按照规定标准为职工缴纳的住房公积金。

（2）企业管理费。指施工企业为组织施工生产和经营管理活动所发生的费用。内容包括：

1）管理人员工资。指管理人员的基本工资、辅助工资。

2）差旅交通费。指施工企业管理人员因公出差、工作调动的差旅费，误餐补助费，职工探亲路费，劳动力招募费，职工离退休、退职一次性路费，工伤人员就医路费，工地转移费，交通工具运行费及牌照费等。

3）办公费。指企业办公用文具、印刷、邮电、书报、会议、水电、燃煤（气）等费用。

4）固定资产使用费。指企业属于固定资产的房屋、设备、仪器等的折旧、大修理、维修费或租赁费等。

5）工具用具使用费。指企业管理使用不属于固定资产的工具、用具、家具、交通工具和检验、试验、测绘、消防用具等的购置、维修和摊销费。

6）职工福利费。指企业按照国家规定支出的职工福利费，以及由企业支付离退休职工的易地安家补助费、职工退职金、六个月以上的病假人员工资、按规定支付给离休干部的各项经费。职工发生工伤时企业依法在工伤保险基金之外支付的费用，其他在社会保险基金之外依法由企业支付给职工的费用。

7）劳动保护费。指企业按照国家有关部门规定标准发放的一般劳动防护用品的购置及修理费、保健费、防暑降温费、高空作业及进洞津贴、技术安全

措施以及洗澡用水、饮用水的燃料费等。

8）工会经费。指企业按职工工资总额计提的工会经费。

9）职工教育经费。指企业为职工学习先进技术和提高文化水平按职工工资总额计提的费用。

10）保险费。指企业财产保险、管理用车辆等保险费用，高空、井下、洞内、水下、水上作业等特殊工种安全保险费、危险作业意外伤害保险费等。

11）财务费用。指施工企业为筹集资金而发生的各项费用，包括企业经营期间发生的短期融资利息净支出、汇兑净损失、金融机构手续费，企业筹集资金发生的其他财务费用，以及投标和承包工程发生的保函手续费等。

12）税金。指企业按规定交纳的房产税、管理用车辆使用税、印花税等。

13）其他。包括技术转让费、企业定额测定费、施工企业进退场费、施工企业承担的施工辅助工程设计费、投标报价费、工程图纸资料费及工程摄影费、技术开发费、业务招待费、绿化费、公证费、法律顾问费、审计费、咨询费等。

根据工程性质不同，间接费费率有枢纽工程、引水工程、河道工程三种标准，见表1.3.6。

表 1.3.6　　　　　间 接 费 费 率

序号	工程类别	计算基础	间接费费率/%		
			枢纽工程	引水工程	河道工程
一	建筑工程	直接费			
1	土方工程	直接费	8.5	5～6	4～5
2	石方工程	直接费	12.5	10.5～11.5	8.5～9.5
3	砂石备料工程（自采）	直接费	5	5	5
4	模板工程	直接费	9.5	7～8.5	6～7
5	混凝土浇筑工程	直接费	9.5	8.5～9.5	7～8.5
6	钢筋制安工程	直接费	5.5	5	5
7	钻孔灌浆工程	直接费	10.5	9.5～10.5	9.25
8	锚固工程	直接费	10.5	9.5～10.5	9.25
9	疏浚工程	直接费	7.25	7.25	6.25～7.25
10	掘进机施工隧洞工程（1）	直接费	4	4	4
11	掘进机施工隧洞工程（2）	直接费	6.25	6.25	6.25
12	其他工程	直接费	10.5	8.5～9.5	7.25
二	机电、金属结构设备及安装工程	人工费	75	70	70

注　1. 引水工程：一般取下限标准，隧洞、渡槽等大型建筑物较多的引水工程、施工条件复杂的引水工程取上限标准。

2. 河道工程：灌溉田间工程取下限，其他工程取上限。

表 1.3.6 中建筑工程类别划分说明：

（1）土方工程。包括土方开挖与填筑等。

（2）石方工程。包括石方开挖与填筑、砌石、抛石工程等。

（3）砂石备料工程。包括天然砂砾料和人工砂石料的开采加工。

（4）模板工程。包括现浇各种混凝土时制作及安装的各类模板工程。

（5）混凝土浇筑工程。包括现浇和预制各种混凝土、伸缩缝、止水、防水层、温控措施等。

（6）钢筋制安工程。包括钢筋制作与安装工程等。

（7）钻孔灌浆工程。包括各种类型的钻孔灌浆、防渗墙、灌注桩工程等。

（8）锚固工程。包括喷混凝土（浆）、锚杆、预应力锚索（筋）工程等。

（9）疏浚工程。指用挖泥船、水力冲挖机组等机械疏浚江河、湖泊的工程。

（10）掘进机施工隧洞工程（1）。包括掘进机施工土石方类工程、钻孔灌浆及锚固类工程等。

（11）掘进机施工隧洞工程（2）。指掘进机设备单独列项采购并且在台时费中不计折旧费的土石方类工程、钻孔灌浆及锚固类工程等。

（12）其他工程。指除表中所列 11 类工程以外的其他工程。

3．利润

利润指按规定应计入建筑安装工程费用中的利润。

利润按直接费和间接费之和的 7％计算。

4．材料补差

材料补差（"价差"）指根据主要材料消耗量、主要材料预算价格与材料基价之间的差值，计算的主要材料补差金额。材料基价是指计入基本直接费的主要材料的限制价格。

5．税金

在建筑业实行营业税改征增值税之后，税金是指应计入建筑安装工程费用的增值税销项税额。水利工程建筑及安装工程增值税税率为 9％，自采砂石料增值税税率为 3％。

税金可按式（1.3.1）计算：

$$税金 =（直接费+间接费+利润+材料补差）\times 增值税税率 \qquad （1.3.1）$$

其中：若建筑、安装工程中含未计价装置性材料的，则计算税金时应计入除税的未计价装置性材料费；计算税金时，其计算基数中的各项均不包含增值税进项税额。

1.3.2　设备费

设备费包括设备原价、运杂费、运输保险费和采购及保管费。

1. 设备原价

（1）国产设备。以出厂价或设计单位分析论证后的询价为设备原价。

（2）进口设备。以到岸价和进口征收的税金、手续费、商检费及港口费等各项费用之和为原价。

（3）大型机组及其他大型设备分瓣运至工地后的拼装费用，应包括在设备原价内。

（4）可行性研究和初步设计阶段，非定型和非标准产品，一般不可能与厂家签订价格合同，设计单位可向厂家索取报价资料，依据当年的价格水平，经认真分析论证后，确定设备价格。

2. 运杂费

运杂费指设备由厂家运至工地现场所发生的一切运杂费用，包括运输费、装卸费、包装绑扎费、大型变压器充氮费及可能发生的其他杂费。

3. 运输保险费

运输保险费指设备在运输过程中的保险费用。国产设备的运输保险费可按工程所在省（自治区、直辖市）的规定计算。进口设备的运输保险费按有关规定计算。

4. 采购及保管费

采购及保管费指建设单位和施工企业在负责设备的采购、保管过程中发生的各项费用，主要包括以下内容。

（1）采购保管部门工作人员的基本工资、辅助工资、职工福利费、劳动保护费、养老保险费、失业保险费、医疗保险费、工伤保险费、生育保险费、住房公积金、教育经费、办公费、差旅交通费、工具用具使用费等。

（2）仓库、转运站等设施的运行费、维修费、固定资产折旧费、技术安全措施费和设备的检验、试验费。

1.3.3 独立费用

水利建设工程独立费用是指按照基本建设工程投资统计包括范围的规定，应在投资中支付并列入建设项目概算或单项工程综合概算内，与工程直接有关而又难以直摊入某个单位工程的其他工程和费用。独立费用由建设管理费、工程建设监理费、联合试运转费、生产准备费、科研勘测设计费和其他共6项组成。

1. 建设管理费

建设管理费指建设单位在工程项目筹建和建设期间进行管理工作所需的费用，包括建设单位开办费、建设单位人员费、项目管理费3项。

（1）建设单位开办费。建设单位开办费指新组建的工程建设单位，为开展工作所必须购置的办公设施、交通工具等以及其他用于开办工作的费用。

（2）建设单位人员费。建设单位人员费指建设单位从批准组建之日起至完成该工程建设管理任务之日止，需开支的建设单位人员费用。主要包括工作人员的基本工资、辅助工资、职工福利费、劳动保护费、养老保险费、失业保险费、医疗保险费、工伤保险费、生育保险费、住房公积金等。

（3）项目管理费。项目管理费指建设单位从筹建到竣工期间所发生的各种管理费用，包括以下项目。

1）工程建设过程中用于资金筹措、召开董事（股东）会议、视察工程建设所发生的会议和差旅等费用。

2）工程宣传费。

3）土地使用税、房产税、印花税、合同公证费。

4）审计费。

5）施工期间所需的水情、水文、泥沙、气象监测费和报汛费。

6）工程验收费。

7）建设单位人员的教育经费、办公费、差旅交通费、会议费、交通车辆使用费、技术图书资料费、固定资产折旧费、零星固定资产购置费低值易耗品摊销费、工具用具使用费、修理费、水电费、采暖费等。

8）招标业务费。

9）经济技术咨询费。包括勘测设计成果咨询、评审费，工程安全鉴定、验收技术鉴定、安全评价相关费用，建设期造价咨询，防洪影响评价、水资源论证、工程场地地震安全性评价、地质灾害危险性评价及其他专项咨询等发生的费用。

10）公安、消防部门派驻工地补贴费及其他工程管理费用。

水利建设工程独立费用取费标准如下：

（1）枢纽工程。枢纽工程建设管理费以一～四部分建安工程量为计算基数，按表1.3.7所列费率，以超额累进方法计算。

表 1.3.7　　　　枢纽工程建设管理费费率表

一～四部分建安工程量/万元	费率/%	辅助参数/万元
50000 及以内	4.5	0
50000～100000	3.5	500
100000～200000	2.5	1500
200000～500000	1.8	2900
500000 以上	0.6	8900

简化计算公式为

　　　　一～四部分建安工程量×该档费率＋辅助参数

（2）引水工程。引水工程建设管理费以一～四部分建安工程量为计算基数，按表1.3.8所列费率，以超额累进方法计算。原则上应按整体工程投资统一计算，工程规模较大时可分段计算。

表 1.3.8　　　　　　　　引水工程建设管理费费率表

一～四部分建安工程量/万元	费率/%	辅助参数/万元
50000 及以内	4.2	0
50000～100000	3.1	550
100000～200000	2.2	1450
200000～500000	1.6	2650
500000 以上	0.5	8150

（3）河道工程。河道工程建设管理费以一～四部分建安工程量为计算基数，按表1.3.9所列费率，以超额累进方法计算。原则上应按整体工程投资统一计算，工程规模较大时可分段计算。

表 1.3.9　　　　　　　　河道工程建设管理费费率表

一～四部分建安工程量/万元	费率/%	辅助参数/万元
10000 及以内	3.5	0
10000～50000	2.4	110
50000～100000	1.7	460
100000～200000	0.9	1260
200000～500000	0.4	2260
500000 以上	0.2	3260

2. 工程建设监理费

工程建设监理费指建设单位在工程建设过程中委托监理单位，对工程建设的质量、进度、安全和投资进行监理所发生的全部费用。包括监理单位为保证监理工作正常开展而必须购置的交通工具、办公及生活设备、检验试验设备以及监理人员的基本工资、辅助工资、工资附加费、劳动保护费、教育经费、办公费、差旅交通费、会议费、交通车辆使用费、技术图书资料费、固定资产折旧费、零星固定资产购置费、低值易耗品摊销费、工具用具使用费、修理费、水电费、采暖费等。费率按照国家发展改革委、建设部颁发的《建设工程监理与相关服务收费管理规定》（发改价格〔2007〕670号）文件执行。

3. 联合试运转费

联合试运转费指水利工程的发电机组、水泵等安装完毕，在竣工验收前，进行整套设备带负荷联合试运转期间所需的各项费用。主要包括联合试运转期间所消耗的燃料、动力、材料及机械使用费,工具用具购置费,施工单位参加联合试运转人员的工资等(表 1.3.10)。

表 1.3.10 联合试运转费用指标表

水电站工程	单机容量/万 kW	≤1	≤2	≤3	≤4	≤5	≤6	≤10	≤20	≤30	≤40	>40
	费用/(万元/台)	6	8	10	12	14	16	18	22	24	32	44
泵站工程	电力泵站/(元/kW)	50~60										

4. 生产准备费

生产准备费指水利建设项目的生产、管理单位为准备正常的生产运行或管理发生的费用。包括生产及管理单位提前进厂费、生产职工培训费、管理用具购置费、备品备件购置费和工器具及生产家具购置费。

(1)生产及管理单位提前进厂费。生产及管理单位提前进厂费指在工程完工之前,生产、管理单位一部分工人、技术人员和管理人员提前进厂进行生产筹备工作所需的各项费用。内容包括提前进厂人员的基本工资、辅助工资、职工福利费、劳动保护费、养老保险费、失业保险费、医疗保险费、工伤保险费、生育保险费、住房公积金、教育经费、办公费、差旅交通费、会议费、技术图书资料费、零星固定资产购置费、低值易耗品摊销费、工具用具使用费、修理费、水电费、采暖费等,以及其他属于生产筹建期间应开支的费用。

(2)生产职工培训费。生产职工培训费指生产及管理单位为保证生产、管理工作顺利进行,对工人、技术人员和管理人员进行培训所发生的费用。

(3)管理用具购置费。管理用具购置费指为保证新建项目的正常生产和管理所必须购置的办公和生活用具等费用。包括办公室、会议室、资料档案室、阅览室、文娱室、医务室等公用设施需要配置的家具器具。

(4)备品备件购置费。备品备件购置费指工程在投产运行初期,由于易损件损耗和可能发生的事故,而必须准备的备品备件和专用材料的购置费。不包括设备价格中配备的备品备件。

(5)工器具及生产家具购置费。工器具及生产家具购置费指按设计规定,为保证初期生产正常运行所必须购置的不属于固定资产标准的生产工具、器具、仪表、生产家具等的购置费。不包括设备价格中已包括的专用工具。

水利建设工程生产准备费费率标准如下。

(1)生产及管理单位提前进厂费。

1)枢纽工程按一~四部分建安工程量的 0.15%~0.35% 计算,大(1)型工程取小值,大(2)型工程取大值。

2）引水工程视工程规模参照枢纽工程计算。

3）河道工程、除险加固工程、田间工程原则上不计此项费用。若工程含有新建大型泵站、泄洪闸、船闸等建筑物时，按建筑物投资参照枢纽工程计算。

（2）生产职工培训费。按一～四部分建安工程量的 0.35%～0.55% 计算。枢纽工程、引水工程取中上限，河道工程取下限。

（3）管理用具购置费。

1）枢纽工程按一～四部分建安工程量的 0.04%～0.06% 计算，大（1）型工程取小值，大（2）型工程取大值。

2）引水工程按建安工作量的 0.03% 计算。

3）河道工程按建安工作量的 0.02% 计算。

（4）备品备件购置费。按占设备费的 0.4%～0.6% 计算。大（1）型工程取下限，其他工程取中、上限。

注：①设备费应包括机电设备、金属结构设备以及运杂费等全部设备费。②电站、泵站同容量、同型号机组超过一台时，只计算一台的设备费。

（5）工器具及生产家具购置费。按设备费的 0.1%～0.2% 计算。枢纽工程取下限，其他工程取中、上限。

5. 科研勘测设计费

科研勘测设计费指工程建设所需的科研、勘测和设计等费用。包括工程科学研究试验费和工程勘测设计费。

（1）工程科学研究试验费。工程科学研究试验指为保障工程质量，解决工程建设技术问题，而进行必要的科学研究试验所需的费用。

（2）工程勘测设计费。工程勘测设计费指工程从项目建议书阶段开始至以后各设计阶段发生的勘测费、设计费和为勘测设计服务的常规科研试验费。不包括工程建设征地移民设计、环境保护设计、水土保持设计各设计阶段发生的勘测设计费。

水利建设工程科研勘测设计费取费标准如下。

（1）工程科学研究试验费。工程科学研究试验费按工程建安工作量的百分率计算。其中：枢纽和引水工程取 0.7%，河道工程取 0.3%。灌溉田间工程一般不计此项费用。

（2）工程勘测设计费。项目建议书、可行性研究阶段的勘测设计费及报告编制费：执行《水利、水电工程建设项目前期工作工程勘察收费标准》（发改价格〔2006〕1352 号）和《建设项目前期工作咨询收费暂行规定》（国家计委〔1999〕1283 号）。

初步设计、招标设计及施工图设计阶段的勘测设计费执行《工程勘察设计收费标准》（计价格〔2002〕10 号）。

应根据所完成的相应勘测设计工作阶段确定工程勘测设计费，未发生的工作阶段不计相应阶段勘测设计费。

6. 其他

（1）工程保险费。工程保险费指工程建设期间，为使工程能在遭受水灾、火灾等自然灾害和意外事故造成损失后得到经济补偿，而对工程进行投保所发生的保险费用。

（2）其他税费。其他税费指按国家规定应缴纳的与工程建设有关的税费。取费标准如下。

1）工程保险费。按工程一～四部分投资合计的 4.5‰～5.0‰计算，田间工程原则上不计此项费用。

2）其他税费。按国家有关规定计取。

1.3.4　预备费、建设期融资利息

1. 预备费

预备费包括基本预备费和价差预备费。

（1）基本预备费。基本预备费主要为解决在工程建设过程中，设计变更和有关技术标准调整增加的投资以及工程遭受一般自然灾害所造成的损失和为预防自然灾害所采取的措施费用。

计算方法：根据工程规模、施工年限和地质条件等不同情况，按工程一～五部分投资合计（依据分年度投资表）的百分率计算。初步设计阶段为 5.0%～8.0%。技术复杂、建设难度大的工程项目取大值，其他工程取中小值。

（2）价差预备费。价差预备费主要为解决在工程建设过程中，因人工工资、材料和设备价格上涨以及费用标准调整而增加的投资。

计算方法：根据施工年限，以资金流量表的静态投资为计算基数。按有关部门适时发布的年物价指数计算。计算公式为

$$E = \sum_{n=1}^{N} F_n [(1+P)^n - 1] \qquad (1.3.2)$$

式中：E 为价差预备费；N 为合理建设工期；n 为施工年度；F_n 为建设期间资金流量表内第 n 年的投资；P 为年物价指数。

2. 建设期融资利息

根据国家财政金融政策规定，工程在建设期内需偿还并应计入工程总投资的融资利息，计算公式见式（1.3.3）。

$$S = \sum_{n=1}^{N} \Big[\Big(\sum_{m=1}^{n} F_m b_m - \frac{1}{2} F_n b_n \Big) + \sum_{m=0}^{n-1} S_m \Big] i \qquad (1.3.3)$$

式中：S 为建设期融资利息；N 为合理建设工期；n 为施工年度；m 为还息年度；F_n、F_m 分别为在建设期资金流量表内第 n、m 年的投资；b_n、b_m 分别为各施工年份融资额占当年投资比例；i 为建设期融资利率；S_m 为第 m 年的付息额度。

3. 静态总投资

工程一～五部分（建筑工程、机电设备及安装工程、金属结构设备及安装工程、施工临时工程和独立费用）投资与基本预备费之和构成工程静态总投资。

编制工程部分总概算表时，在第五部分独立费用之后，应顺序计列以下项目。

（1）一～五部分投资合计。

（2）基本预备费。

（3）静态投资。

工程部分、建设征地移民补偿、环境保护工程、水土保持工程的静态投资之和构成静态总投资。

4. 总投资

静态总投资、价差预备费、建设期融资利息之和构成总投资。

编制工程概算总表时，在工程投资总计中应顺序计列以下项目。

（1）静态总投资（汇总各部分静态投资）。

（2）价差预备费。

（3）建设期融资利息。

（4）总投资。

1.4 本章小结

本章概述了水利工程造价计算的种类，包括投资估算、设计概算、修改概算、业主预算、标底与报价、施工图预算、施工预算、竣工结算和竣工决算。同时，概述了水利工程概算的编制依据、编制方法、编制程序及水利建设项目费用构成。

第2章 基础单价计算示例

2.1 人工预算单价

【例2.1】 湖北省十堰市竹山县拟建堤防工程，请求出该工程的人工预算单价？若拟建一座水库，则人工预算单价为多少？

解： 根据水利工程分类，堤防工程属于河道工程，水库属于枢纽工程。查现行《水利工程设计概（估）等编制规定》（水总〔2014〕429号）附录7艰苦边远地区类别划分表可知，湖北省十堰市竹山县属于艰苦边远地区一类区。故查《水利工程设计概（估）编制规定》（水总〔2014〕429号）表5-1可知：

(1) 建堤防工程时，人工预算单价为工长8.19元/工时，高级工7.57元/工时，中级工6.33元/工时，初级工4.43元/工时。

(2) 建水库时，人工预算单价为工长11.80元/工时，高级工10.92元/工时，中级工9.15元/工时，初级工6.38元/工时。

2.2 材料预算单价

【例2.2】 某长距离引水工程水泥由甲、乙两厂供应，其中：甲厂水泥供应量占60%，均为散装水泥；乙厂水泥供应量占40%，其中乙厂袋装水泥占30%，散装水泥占70%，运距及中转情况如图2.2.1所示。

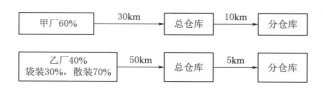

图 2.2.1 水泥厂供应量、运距及中转情况

水泥出厂价：甲水泥厂290元/t；乙水泥厂袋装330元/t，散装水泥300元/t。两厂水泥均为车上交货；袋装水泥汽车运价0.55元/(t·km)，散装水泥在袋装水泥运价基础上上浮20%；袋装水泥装车费为6.0元/t，卸

车费为 5.0 元/t，散装水泥装车费为 5.0 元/t，卸车费为 4.0 元/t；运输保险费费率：1‰。

问题：计算水泥综合预算价格。

解：水泥综合原价 $= 290 \times 60\% + (330 \times 30\% + 300 \times 70\%) \times 40\% = 297.60$（元/t）

运杂费：

（1）甲：公路运杂费 $= [0.55 \times (1+20\%) \times (30+10) + 4 \times 2 + 5] = 39.40$（元/t）

（2）乙：公路运杂费 $= [0.55 \times (50+5) + 5 \times 2 + 6] \times 30\% + [0.55 \times (1+20\%) \times (50+5) + 4 \times 2 + 5] \times 70\% = 48.39$（元/t）

综合运杂费 $= 39.40 \times 60\% + 48.39 \times 40\% = 43.00$（元/t）

运输保险费 $= 297.60 \times 1‰ = 0.30$（元/t）

水泥综合预算价格 $= (297.60 + 43.00) \times (1 + 3.3\%) + 0.30 = 352.14$（元/t）

【例 2.3】 某建设项目在购买某种材料时，由甲、乙、丙、丁 4 个厂供货，其中，甲厂供应总量的 35%，原价 330 元/t；乙厂供应 25%，原价 335 元/t；丙厂供应 20%，原价 325 元/t；丁厂供应 20%，原价 328 元/t。甲、乙两厂水路运输，装卸费为 3 元/t，驳船费为 1.5 元/t，运输损耗费为 1.63 元/t，其中甲厂运费为 24.5 元/t，乙厂运费为 23.4 元/t。丙、丁两厂公路运输，装卸费为 2.8 元/t，调车费为 1.35 元/t，运输损耗费为 1.98 元/t，其中丙厂运费为 26.5 元/t，丁厂运费为 25.8 元/t。运输保险费率为 0.8%，采购及保管费率为 3.3%。试确定材料预算价格。

解：

（1）材料原价 $= 330 \times 35\% + 335 \times 25\% + 325 \times 20\% + 328 \times 20\% = 329.85$（元/t）

（2）运杂费

甲：水路运杂费 $= 24.5 + 3 + 1.5 + 1.63 = 30.63$（元/t）

乙：水路运杂费 $= 23.4 + 3 + 1.5 + 1.63 = 29.53$（元/t）

丙：公路运杂费 $= 26.5 + 2.8 + 1.35 + 1.98 = 32.63$（元/t）

丁：公路运杂费 $= 25.8 + 2.8 + 1.35 + 1.98 = 31.93$（元/t）

综合运杂费 $= 30.63 \times 35\% + 29.53 \times 25\% + 32.63 \times 20\% + 31.93 \times 20\% = 31.02$（元/t）

（3）运输保险费 $= 329.85 \times 0.8\% = 2.64$（元/t）

材料预算价格 $= (329.85 + 31.02) \times (1 + 3.3\%) + 2.64 = 375.42$（元/t）

【例 2.4】 A 市水利工程用钢筋由省物资站供应 40%，由甲材料公司供应 60%。两供应点供应的钢筋，A3 光面钢筋占 30%，出厂价为 2700 元/t；

20Mnsi 螺纹钢占 70%，出厂价为 2850 元/t。省物资站供应的钢筋用火车运至 A 市火车站，运距为 180km，再用汽车运至工地仓库，运距为 30km。甲材料公司供应的钢筋直接由汽车运至工地仓库，运距为 60km。已知火车运输整车零担比为 70∶30，整车装载系数为 0.80，火车运价整车运价为 25 元/t，零担运价为 60 元/t，火车出库装车综合费为 4.7 元/t，卸车费为 1.6 元/t；汽车运价为 0.60 元/(t·km)，汽车装车费为 2.00 元/t，卸车费为 1.8 元/t。运输保险费率为 1%，采购及保管费率为 2.2%，毛重系数为 1。计算此水利工程钢筋的预算价格。

解：（1）材料原价＝2700×30%＋2850×70%＝2805（元/t）

（2）运杂费

物资站—A 市站：铁路运杂费＝25÷0.8×1×70%＋60×1×30%＋4.7＋1.6＝46.18（元/t）

A 市站—仓库：公路运杂费＝0.60×30＋2.00＋1.8＝21.8（元/t）

材料公司—仓库：公路运杂费＝0.60×60＋2.00＋1.8＝39.8（元/t）

综合运杂费＝（46.18＋21.8）×40%＋39.8×60%＝51.07（元/t）

（3）运输保险费＝2805×1%＝28.05（元/t）

钢筋综合预算价格＝（2805＋51.07）×（1＋2.2%）＋28.05＝2946.95（元/t）

2.3　机械台时费

【例 2.5】　某大型水利枢纽工程，中级工的人工预算单价为 8.90 元/工时。该地的汽油和柴油预算价分别为 8.90 元/kg、7.16 元/kg，电的预算价格为 0.83 元/(kW·h)，根据现行部颁定额计算 3.5t 散装水泥车、15t 塔式起重机、522kW 推土机的台时费。

解：施工机械台时费的计算结果见表 2.3.1，施工机械台时费汇总表见表 2.3.2。

表 2.3.1　　　　　　　　　　施工机械台时费计算表

机 械 编 号		1	2	3
名　　称		3.5t 散装水泥车	15t 塔式起重机	522kW 推土机
定额编号		3064	4031	1055
一类费用	折旧费/元	9.84	46.24	318.88
	修理及替换设备费/元	9	18.17	171.91
	安装拆卸费/元		3.77	4.29
	小计/元	18.84	68.18	495.08

续表

类别	预算价/元	定额数量	价格/元	定额数量	价格/元	定额数量	价格/元
人工/工时	8.90	1.3	11.57	2.7	24.03	2.4	21.36
汽油/kg	8.90	5.9	18.14				
柴油/kg	7.16					74.9	223.95
电/(kW·h)	0.83			45.4	37.68		
风/m³							
水/m³							
煤/kg							
小计			29.71		61.71		245.31
施工机械台时费/(元/台时)		48.55		129.89		740.39	
台时费价差/(元/台时)		34.37				312.33	

（最左列标注：二类费用）

表2.3.2　　　　　　　施工机械台时费汇总表　　　　单位：元

序号	名称及规格	台时费	其　中				
			折旧费	修理及替换设备费	安拆费	人工费	动力燃料费
1	3.5t 散装水泥车	48.55	9.84	9		11.57	18.14
2	15t 塔式起重机	129.89	46.24	18.17	3.77	24.03	37.68
3	522kW 推土机	740.39	318.88	171.91	4.29	21.36	223.95

【例2.6】　某施工机械出厂价为120万元（含增值税），运杂费率为5%，残值率为3%，寿命台时为10000h，电动机功率为250kW，电动机台时电力消耗综合系数为0.8，中级工为5.62元/h，电价为0.732元/(kW·h)。同类型施工机械台时费定额的数据：折旧费为108.10元，修理及替换设备费为44.65元，安装拆卸费为1.38元；中级工工作2.4h。

（1）编制该施工机械一类费用。

（2）编制该施工机械二类费用。

（3）计算该施工机械台时费。

解：（1）一类费用：

基本折旧费＝1200000×(1＋5%)×(1－3%)÷10000＝122.22（元）

修理及替换设备费＝122.22÷108.10×44.65＝50.48（元）

安装拆卸费＝122.22÷108.10×1.38＝1.56（元）

一类费用＝122.22＋50.48＋1.56＝174.26（元）

（2）二类费用：

机上人工费＝2.4×5.62＝13.49（元）

动力燃料消耗费＝250×1.0×0.8×0.732＝146.40（元）

二类费用＝13.49＋146.40＝159.89（元）

（3）施工机械台时费＝174.26＋159.89＝334.15（元）

2.4　风价、水价、电价

【例 2.7】　某水利工程施工用电 95%由电网供电，5%自备柴油发电机发电。已知电网供电基本电价为 0.697 元/（kW·h）；高压线路损耗率取 5%，变配电设备和输电线路损耗率取 7%，供电设施摊销费为 0.04 元/（kW·h），厂用电率取为 5%。柴油发电机总容量为 1000kW，其中 1 台为 200kW，2 台为 40kW，并配备 3 台 3.7kW 水泵，供给冷却水；以上 3 种机械台时费分别为 166.08 元/台时、293.17 元/台时和 15.95 元/台时。试计算电网供电价格、自发电电价和综合电价。

解：（1）电网供电价格：

电网供电价格＝0.697÷（1−5%）÷（1−7%）＋0.04＝0.83[元/（kW·h）]

（2）自发电电价：

K 取 0.83，则

$$自发电电价＝\frac{166.08＋293.17×2＋15.95×3}{1000×0.83}÷（1−5\%）÷（1−7\%）＋0.04$$
$$＝1.13[元/（kW·h）]$$

（3）综合电价：

综合电价＝电网供电价格×95%＋自发电电价×5%
＝0.83×95%＋1.13×5%＝0.85[元/（kW·h）]

【例 2.8】　某水库大坝施工用风，共设置左坝区和右坝区两个压气系统，总容量为 187m³/min，配置 40m³/min 的固定式空压机 1 台，台班预算价格为 1252.00 元/台班，20m³/min 的固定式空压机 6 台，台班预算价格为 710.00 元/台班；9m³/min 的移动式空压机 3 台，台班预算价格为 383.76 元/台班，冷却用水泵 7kW 的 2 台，台班预算价格为 142.72 元/台班。其他资料：空气压缩机能量利用系数为 0.85，风量损耗率为 10%。供风设施维修摊销率为 0.004 元/m³，试计算施工用风价格。

解：

（1）台时总费用：

（1252.00＋710.00×6＋383.76×3＋142.72×2）÷8＝868.59（元/台时）

（2）施工用风价格：

$$施工用风价格 = \frac{868.59}{187 \times 60 \times 0.85} \div (1-10\%) + 0.004 = 0.105 （元/m^3）$$

【例 2.9】　某水电工程施工用水为二级泵站供水，一级泵站设 5 台 4DAB×5 型水泵（其中备用一台），包括管道损失在内的扬程为 80m，单台额定出水量为 50m³/h；二级泵站设 4 台 4DA8×8 型水泵（其中备用一台），包括管道损失在内的扬程为 120m，单台额定出水量为 60m³/h。按设计要求，一级泵站每班直接供给用户的水量为 100m³，二级泵站每班供水量为 930m³。已知水泵的出力系数为 0.80，损耗率 10%，摊销费 0.04 元/m³，4DA8×5 型水泵台班费 35.90 元，4DA8×8 型水泵台班费 52.10 元。试计算该工程施工用水水价。

解：

供水量验证：

一级泵站有效供水量：$4 \times 50 \times 8 \times 0.8 \times (1-10\%) = 1152 > (100+930)$

二级泵站有效供水量：$3 \times 60 \times 8 \times 0.8 \times (1-10\%) = 1036.8 > 930$

一级泵站水价：

水泵台时费：$35.9 \times 4 \div 8 = 17.95$（元/台时）

水泵额定出水量：$50 \times 4 = 200$（m³/h）

水价 $1 = 17.95/(200 \times 0.8)/(1-10\%) + 0.04 = 0.16$（元/m³）

二级泵站水价：

水泵台时费：$52.1 \times 3 \div 8 = 19.54$（元/台时）

水泵额定出水量：$60 \times 3 = 180$（m³/h）

水价 $2 = 0.16 + 19.54/(180 \times 0.8)/(1-10\%) + 0.04 = 0.35$（元/m³）

综合水价：

一级泵站供水比例 $= 100/(100+930) \times 100\% = 9.7\%$

二级泵站供水比例 $= 930/(100+930) \times 100\% = 90.3\%$

综合水价 $= 0.16 \times 9.7\% + 0.35 \times 90.3\% = 0.33$（元/m³）

2.5　混凝土单价

【例 2.10】　某水闸工程设计采用的混凝土强度等级与级配为：C20 二级配占 6%，C20 三级配占 50%，C15 三级配占 44%，均采用 32.5 号普通水泥。已知当地材料预算为：32.5 号普通水泥 255 元/t，粗砂 50 元/m³，卵石 60 元/m³，水 0.4 元/m³。

（1）试计算该工程混凝土材料单价。

（2）若将粗砂换成中砂，卵石换成碎石，其中中砂 55 元/m³，碎石 70 元/m³。

试计算此时的混凝土材料单价。

解：（1）第一步：根据《水利建筑工程概算定额》附录中的混凝土材料配合比表，查得上述各种强度等级与级配的混凝土各组成材料预算量，见表 2.5.1。

第二步：计算各种强度与级配的混凝土材料单价，并按所占比例加权平均计算其综合单价，见表 2.5.1。

表 2.5.1　　　　　　　　　混凝土单价计算表 (1)

混凝土强度等级	级配	材料预算量				材料费/元				混凝土材料单价/(元/m³)
		水泥/kg	粗砂/m³	卵石/m³	水/m³	水泥	粗砂	卵石	水	
C20	二	289	0.49	0.81	0.150	255	50	60	0.40	146.86
C20	三	238	0.40	0.96	0.125	255	50	60	0.40	138.34
C15	三	201	0.42	0.96	0.125	255	50	60	0.40	129.91
混凝土材料综合单价＝146.86×6％＋138.34×50％＋129.91×44％＝135.14（元/m³）										

（2）第一步：计算调整系数。

粗砂换为中砂，卵石换为碎石，混凝土配合比按《水利建筑工程概算定额（下册）》附录 7 调整。

调整系数为：

水泥 1.10×1.07＝1.177；

砂 1.10×0.98＝1.078；

石子 1.06×0.98＝1.039；

水 1.10×1.07＝1.177

第二步：根据调整系数，计算每立方米混凝土各材料预算量，并计算出混凝土材料预算单价，见表 2.5.2。

表 2.5.2　　　　　　　　　混凝土单价计算表 (2)

混凝土强度等级	级配	材料预算量				材料费/元				混凝土材料单价/(元/m³)
		水泥/kg	中砂/m³	碎石/m³	水/m³	水泥	中砂	碎石	水	
C20	二	340	0.53	0.84	0.18	255	55	70	0.40	174.72
C20	三	280	0.43	1.00	0.15	255	55	70	0.40	165.11
C15	三	237	0.45	1.00	0.15	255	55	70	0.40	155.25
混凝土材料综合单价＝174.72×6％＋165.11×50％＋155.25×44％＝161.35（元/m³）										

2.6 砂浆单价

【例 2.11】 某水利工程设计采用砌筑砂浆 M10 和 M20，已知当地材料预算价为：32.5 号水泥 255 元/t，粗砂 65 元/m³，水 0.7 元/m³。试分别计算砌筑砂浆 M10 和 M20 的材料预算单价。

解：根据《水利建筑工程概算定额》附录中的砂浆材料配合比表，查得上述砌筑砂浆的各组成材料预算量，并分别计算砂浆的材料单价，见表 2.6.1。

表 2.6.1　　　　　　　　　**砂 浆 单 价 计 算 表**

强度等级	材料预算量			材料费/元			砂浆材料单价/(元/m³)
	32.5 级水泥/kg	粗砂/m³	水/m³	32.5 级水泥	粗砂	水	
M10	305	1.10	0.183	255	65	0.7	149.40
M20	457	1.06	0.274	255	65	0.7	185.63

2.7 砂石料单价

【例 2.12】 某水利水电工程，所需砂石料拟从天然砂砾料场自行采备。

（1）采取的工艺流程见图 2.7.1。

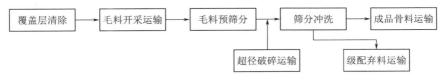

图 2.7.1　砂石料采备流程

（2）根据定额计算的工序单价为：

覆盖层清除 12.2 元/m³，弃料运输 13.5 元/m³。

粗骨料加工：毛料开采运输 12.3 元/m³，预筛分、超径破碎运输 9.33 元/m³，筛洗、运输 11.32 元/m³，成品骨料运输 9.28 元/m³。

砂制备：毛料开采运输 14 元/m³，预筛分、超径破碎运输 8.25 元/m³，筛洗、运输 8.83 元/m³，成品骨料运输 15.36 元/m³。

（3）设计砂石料用量 150 万 m³，其中粗骨料 100 万 m³，砂 50 万 m³。料场覆盖层 18 万 m³，成品储备量 155 万 m³。超径弃料 3.0 万 m³，粗骨料级配弃料 15 万 m³，砂级配弃料 5.2 万 m³。

试根据以上条件计算该工程的砂石料综合单价。

解：（1）基本单价计算：

粗骨料基本单价＝12.3＋9.33＋11.32＋9.28＝42.23（元/m³）

砂基本单价＝14＋8.25＋8.83＋15.36＝46.44（元/m³）

（2）覆盖层清除单价、弃料处理单价计算：

覆盖层清除单价＝12.2 元/m³

超径石弃料处理单价＝12.3＋9.33＋13.5＝35.13（元/m³）

粗骨料级配弃料处理单价＝12.3＋9.33＋11.32＋13.5＝46.45（元/m³）

砂级配弃料处理单价＝14＋8.25＋8.83＋13.5＝44.58（元/m³）

（3）摊销率计算：

覆盖层清除摊销率＝18/155×100％＝11.61％

超径石弃料处理摊销率＝3.0/100×100％＝3％

粗骨料级配弃料处理摊销率＝15/100×100％＝15％

砂级配弃料处理摊销率＝5.2/50×100％＝10.4％

（4）附加单价计算：

覆盖层清除单价＝12.2×11.61％＝1.42（元/m³）

超径石弃料处理单价＝35.13×3％＝1.05（元/m³）

粗骨料级配弃料处理单价＝46.45×15％＝6.97（元/m³）

砂级配弃料处理单价＝44.58×10.4％＝4.64（元/m³）

（5）综合单价计算：

粗骨料综合单价＝42.23＋1.42＋1.05＋6.97＝51.67（元/m³）

砂综合单价＝46.44＋1.42＋4.64＝52.50（元/m³）

2.8　本章小结

本章以工程示例分析了人工预算单价，材料预算价格，施工机械台时费，施工用风、水、电预算价格，混凝土单价，砂浆单价及砂石料单价的计算过程。

第3章 张集闸工程概算书

3.1 张集闸工程概况

3.1.1 工程简介

张集闸属于引水工程，工程等别为Ⅰ等，闸室、翼墙等主要建筑物为1级。本闸共8孔，单孔净宽5m，闸室顺水流向长12m。闸室型式为胸墙式，反拱式底板。采用平面钢闸门挡水，单吊点QPL-250kN型手电两用螺杆式启闭机启闭。本工程于2002年12月建成，目前运行正常。

3.1.2 基本资料与设计条件

3.1.2.1 规划设计水位

本工程规划设计水位见表3.1.1。

表 3.1.1 规 划 设 计 水 位

设 计 工 况	过闸流量/m³	设计水位/m	
		闸 上	闸 下
5年一遇排涝	236.2	27.85	27.65
设计挡洪		27.85	29.14
校核挡洪		28.4	30.15
正常蓄水位		27.85	22.2

3.1.2.2 主要结构尺寸

本闸闸室总净宽40m，闸底板顶高程（门槛处）22.20m，闸墩顶高程29.50m；闸室顺水流向长12m，中墩厚1m。上、下游翼墙均为钢筋混凝土扶壁或悬臂式挡土墙，岸墙结合边墩布置，采用钢筋混凝土空箱式结构。

3.1.2.3 材料选择

闸底板、闸墩、排架、翼墙和交通桥混凝土强度等级为C25，铺盖、消力池混凝土强度等级为 C20，护底浆砌石砂浆强度等级为 M10，两岸护坡浆砌石砂浆强度等级为 M7.5。

3.1.2.4　工程地质

闸室基础坐落在第 2 层重、中粉质壤土与粉质黏土上，该层分两个亚层：第 2-1 层为重、中粉质壤土，可塑，中等压缩性，层厚 24.40m，承载力标准值 180kPa；第 2-2 层为粉质黏土，可塑，中～高压缩性，层厚 1.53m，承载力标准值为 160kPa。下卧第 4 层（第 3 层在该处缺失）为轻粉质壤土夹中粉质壤土，可塑，中等压缩性，承载力标准值为 150kPa，该层未揭穿。地下水补给源主要为大气降水和其他地表水，地下水排泄方式主要为蒸发，水平径流。第 2 层和第 4 层土渗透系数为 2×10^5 cm/s，均具有弱～微透水性。各土层物理力学性能指标见表 3.1.2。

表 3.1.2　各土层物理力学性能指标

土层序号	含水量/%	压缩模量/MPa	内摩擦角/(°)	凝聚力/kPa	标贯击数/击	承载力标准值/kPa
2-1	28.4	9.6	16.7	38.5	8	180
2-2	35.1	6.3	40.5	13.3	5	160
4	25	7.9	16.8	26.3	8	150

3.1.3　主要工程量

本工程计算得到的主要工程量：土方开挖为 45665.13m³，土方回填为 9355.71m³，石方工程为 2433.63m³，混凝土为 2849.80m³。

3.1.4　设计要求与设计特点

3.1.4.1　主要结构设计及特点

闸上下游水较深，闸室单孔净宽小，闸室采用反拱底板。在相同条件下，采用反拱底板比整体式平底板约可节省混凝土 40%～50%、钢筋 70% 以上。由于反拱底板是超静定结构，针对均匀沉降、拱座转角及温度变化敏感，易使拱内产生较大的应力；长拱又具有较大的水平推力。要求闸墩具有足够的水平约束。

3.1.4.2　稳定计算

闸室坐落在原状土基上，完建工况是地基稳定分析的控制工况，挡洪工况为抗滑稳定计算的控制工况。经计算，各工况下稳定安全系数均满足规范要求。

3.1.4.3 水土保持与生态

工程设计结合现场实际，对工程周边环境水源无污染，工程蓄水灌溉期间没有出现土壤盐碱化、水体变质等影响生态环境的不良后果。

3.1.5 适用范围及注意事项

（1）反拱式底板适用于地基条件较好和过流时进、出口水深均较大的水闸、船闸。

（2）由于拱座位移能明显地影响反拱底板的内力分布，因此不宜用于地震烈度较高或承受较大横向水平荷载的情况。

（3）对于寒冷地区，应结合工程特点和地基土的冻胀条件谨慎采用。

3.2 项目划分和工程量计算

3.2.1 项目划分

在进行概预算时，为避免漏项和重复计算的问题，结合张集闸纵剖图、平面布置图、上下游立视图等图纸，将其分为上游工程、闸室段、下游工程，见表 3.2.1。

表 3.2.1 张集闸建筑工程项目划分

编号	工程或费用名称	单位	数量	单价/元	合价/万元
壹	建筑工程				
一	上游工程				
（一）	上游引渠段				
1	土方开挖	m³			
2	土方回填	m³			
3	上游引渠段干砌石护底	m³			
4	引渠段碎石护底垫层 1	m³			
5	引渠段 M10 浆砌石护底	m³			
6	引渠段碎石护底垫层 2	m³			
7	引渠段浆砌石格埂	m³			
8	引渠段干砌石护坡	m³			
9	引渠段护坡碎石垫层 1	m³			
10	引渠段 M7.5 浆砌石护坡	m³			
11	引渠段护坡碎石垫层 2	m³			

续表

编号	工程或费用名称	单位	数量	单价/元	合价/万元
（二）	上游铺盖段				
1	土方开挖	m³			
2	土方回填	m³			
3	铺盖段 C20 钢筋混凝土护底	m³			
4	铺盖段 C10 钢筋混凝土护底垫层	m³			
5	铺盖段 M10 浆砌石护坡	m³			
6	铺盖段护坡碎石垫层	m³			
7	铺盖段 C25 钢筋混凝土翼墙	m³			
二	闸室段				
（一）	下部结构				
1	土方开挖	m³			
2	土方回填	m³			
3	C25 钢筋混凝土反拱底板	m³			
4	C10 钢筋混凝土反拱底板垫层	m³			
5	闸墩	m³			
6	C25 钢筋混凝土边墩	m³			
（二）	上部结构				
1	C25 钢筋混凝土胸墙	m³			
2	C25 钢筋混凝土检修桥	m³			
3	C25 钢筋混凝土永久交通桥	m³			
4	C25 钢筋混凝土排架	m³			
5	启闭机室	m³			
三	下游工程				
1	土方开挖	m³			
2	土方回填	m³			
（一）	消力池段				
1	C20 钢筋混凝土消力池	m³			
2	消力池段反滤层	m³			
3	下游 C25 钢筋混凝土八字墙	m³			
（二）	海漫段（一）				
1	M10 浆砌石护底	m³			

编号	工程或费用名称	单位	数量	单价/元	合价/万元
2	碎石护底垫层	m^3			
3	M7.5浆砌石护坡	m^3			
4	碎石护坡垫层	m^3			
（三）	海漫段（二）				
1	干砌石护坡	m^3			
2	护坡碎石垫层	m^3			
3	干砌石护底	m^3			
4	护底碎石垫层	m^3			
（四）	防冲槽段				
1	干砌石护底	m^3			
2	干砌石护坡	m^3			
3	碎石护坡垫层	m^3			

3.2.2 工程量计算

张集闸整体三维模型如图 3.2.1 所示。

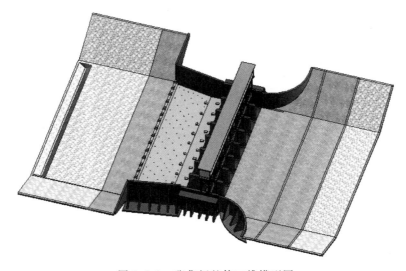

图 3.2.1 张集闸整体三维模型图

1. 上游引渠段

（1）干砌石护底（图 3.2.2）。

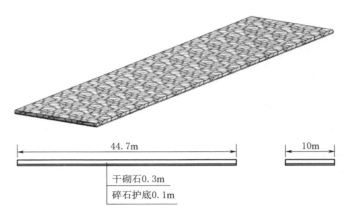

44.7m

10m

干砌石0.3m

碎石护底0.1m

图 3.2.2 干砌石护底

干砌石护底工程量：44.7m(长)×10m(宽)×0.3 m(厚)＝134.10m³。

碎石护底垫层的工程量：44.7m(长)×10m(宽)×0.1 m(厚)＝44.70m³。

（2）M10 浆砌石护底（图 3.2.3）。

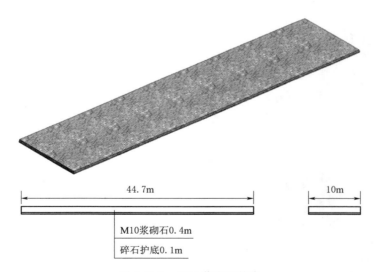

44.7m

10m

M10浆砌石0.4m

碎石护底0.1m

图 3.2.3 M10 浆砌石护底

M10 浆砌石护底工程量：44.7m(长)×10m(宽)×0.4 m(厚)＝178.80m³。

碎石护底垫层的工程量：44.7m(长)×10m(宽)×0.1 m(厚)＝44.70m³。

（3）上游引渠段浆砌石格埂（图 3.2.4）。

图 3.2.4　上游引渠段浆砌石格埂

两侧护坡坡比为 1:2，勾股定理算得边坡长度为 15.21m。

引渠段浆砌石格埂工程量（底部格埂＋两侧护坡格埂）：44.7m(长)×0.5m(宽)×0.8 m(厚)＋2×15.21m(长)×0.5m(宽)×0.8m(厚)＝30.048m³。

引渠段浆砌石格埂总工程量：30.048m³×3＝90.14m³。

（4）引渠段干砌石护坡（图 3.2.5）。

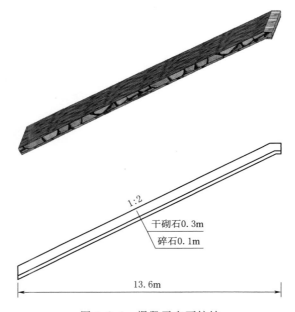

图 3.2.5　渠段干砌石护坡

引渠段干砌石护坡的工程量：

15.21m(长)×10.00m(宽)×0.3 m(厚)＝45.63m³。

引渠段干砌石护坡的总工程量：45.63×2＝91.26m³。

引渠段护坡碎石垫层工程量：

15.21m(长)×10.00m(宽)×0.1m(厚)＝15.21m³。

引渠段护坡碎石垫层总工程量：15.21 ×2＝30.42（m³）。

（5）引渠段 M7.5 浆砌石护坡（图 3.2.6）。

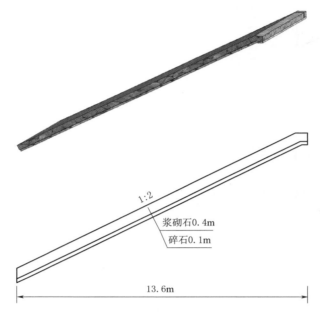

1:2

浆砌石0.4m

碎石0.1m

13.6m

图 3.2.6 引渠段 M7.5 浆砌石护坡

引渠段浆砌石护坡的工程量：

15.21m（长）×10.00m（宽）×0.4 m（厚）＝60.84m³。

引渠段浆砌石护坡的总工程量：60.84 ×2＝121.68（m³）。

引渠段护坡碎石垫层工程量：

15.21m（长）×10.00m（宽）×0.1 m（厚）＝15.21m³。

引渠段护坡碎石垫层工程量：15.21×2＝30.42（m³）。

2. 上游铺盖段

（1）铺盖段 C20 混凝土护底（图 3.2.7）。

铺盖段 C20 混凝土护底被翼墙遮盖部分，如图 3.2.8 所示，其面积按三角形近似计算，$S＝8.6×2.6÷2＝11.18$（m²）。

铺盖段 C20 混凝土护底工程量：22.35m（长）×15.4m（宽）×0.4m（厚）×2－11.18m²×0.4m×2（护底被翼墙遮盖部分）＝266.41m³。

铺盖段 C10 混凝土护底垫层工程量：22.35m（长）×15.4m（宽）×0.1m（厚）×2－11.18m²×0.1m×2（护底被翼墙遮盖部分）＝66.60m³。

（2）铺盖段护坡（图 3.2.9）。

在对此部分进行计算时将曲线部分简化为直线，可看作三角形和矩形的组合体。

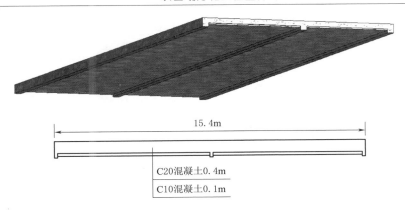

C20混凝土0.4m

C10混凝土0.1m

图 3.2.7 铺盖段 C20 混凝土护底

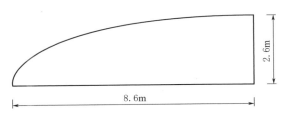

图 3.2.8 铺盖段 C20 混凝土护底被翼墙遮盖部分

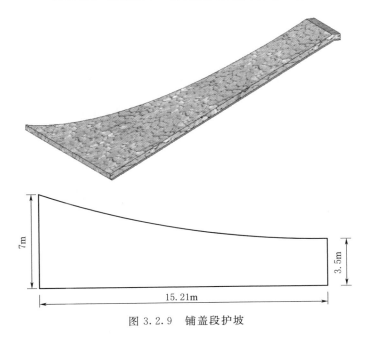

图 3.2.9 铺盖段护坡

铺盖段 M10 浆砌石护坡总工程量：$(3.5 \times 15.21 + 15.21 \times 3.5 \times \frac{1}{2}) \times 0.4 \times 2 = 63.88$（m³）。

铺盖段护坡碎石垫层总工程量：$(3.5 \times 15.21 + 15.21 \times 3.5 \times \frac{1}{2}) \times 0.1 \times 2 = 15.97$（m³）。

（3）C25 混凝土翼墙（图 3.2.10）。

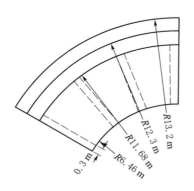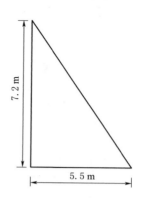

图 3.2.10　铺盖段 C25 混凝土翼墙

4 个扶壁工程量：$1/2 \times 7.2 \times 5.5 \times 0.3 \times 4 = 23.76$（m³）。

趾板工程量：$[\pi(13.2)^2 - \pi(6.46)^2] \times \frac{1}{6} \times 0.5 = 34.69$（m³）。

墙面板工程量：$[\pi(12.3)^2 - \pi(11.68)^2] \times \frac{1}{6} \times 7.2 = 56.05$（m³）。

综上，C25 混凝土翼墙总工程量：$(23.76 + 34.69 + 56.05) \times 2 = 229.00$（m³）。

3. 闸室段

（1）闸室下部。

1）C25 混凝土反拱底板（图 3.2.11）。

C25 混凝土反拱底板工程量：$[\pi(2.5\sqrt{2})^2 - \pi(2.5\sqrt{2} - 0.4)^2] \times 12 \times 1/4 = 25.15$（m³）。

C25 混凝土反拱底板总工程量：$25.15 \times 8 = 201.2$（m³）。

C10 混凝土反拱底板垫层工程量：$[\pi(2.5\sqrt{2} + 0.1)^2 - \pi(2.5\sqrt{2})^2] \times 12 \times 1/4 = 6.76$（m³）。

闸室段 C10 混凝土反拱底板垫层总工程量：$6.76 \times 8 = 54.08$（m³）。

2）闸室段 C25 混凝土闸墩（图 3.2.12）。

闸门槽的体积忽略不计，近似为长方体进行计算。

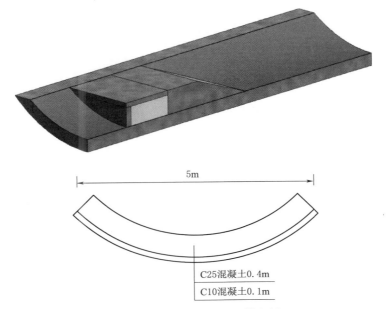

5m

C25混凝土0.4m

C10混凝土0.1m

图 3.2.11 C25 混凝土反拱底板

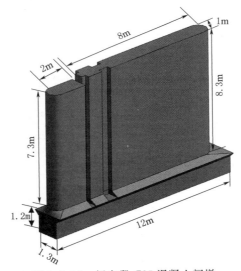

8m

1m

2m

8.3m

7.3m

1.2m

12m

1.3m

图 3.2.12 闸室段 C25 混凝土闸墩

C25 混凝土闸墩的工程量：$(2\times1\times7.3+8\times1\times8.3)\times7=567$（m³）。

C25 混凝土闸墩连接处如图 3.2.13 所示，根据棱台计算公式 $V=1/3\times H\times(S_{上}+S_{下}+\sqrt{S_{上}\times S_{下}})$。

C25 混凝土连接处工程量：$(10\times1+12\times1.6+\sqrt{10\times1\times12\times1.6})\times0.4\times$

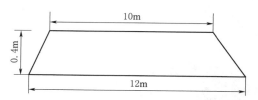

图 3.2.13 C25 混凝土闸墩连接处

$\frac{1}{3}=5.56$（m^3）。

C25 混凝土连接处总工程量：$5.56 \times 7 = 38.92$（m^3）。

C25 混凝土闸墩下部基础（图 3.2.14）工程量：$[(1.6+1.3) \times 0.4 \times \frac{1}{2} + 0.8 \times 1.3] \times 12 = 19.44$（$m^3$）。

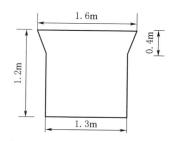

图 3.2.14 C25 混凝土闸墩下部基础

共有 7 个总工程量：$19.44 \times 7 = 136.08$（m^3）。

综上闸墩总工程量：$567 + 38.92 + 136.08 = 742$（$m^3$）。

3）C25 混凝土边墩（图 3.2.15）

C25 混凝土边墩工程量：$9.5 \times 12 \times 0.7 \times 2 = 159.6$（$m^3$）

（2）闸室上部。

1）C25 混凝土胸墙（图 3.2.16）。

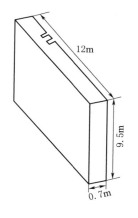

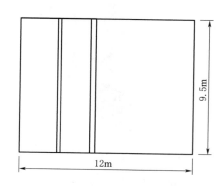

图 3.2.15 边墩

C25 混凝土胸墙工程量：$(0.3 \times 2.7 + 0.3 \times 0.3) \times 5 = 4.5$（$m^3$）。

C25 混凝土胸墙总工程量：$4.5 \times 2 \times 8 = 72$（$m^3$）。

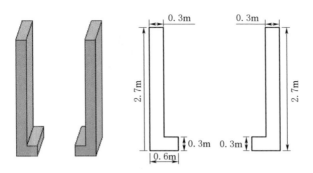

图 3.2.16　C25 混凝土胸墙

2）C25 混凝土检修桥和永久交通桥（图 3.2.17）。

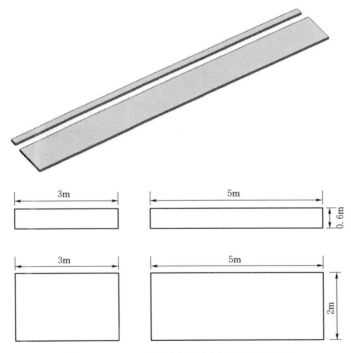

图 3.2.17　C25 混凝土检修桥和永久交通桥

C25 混凝土检修桥工程量：21×2(长)×3(宽)×0.6(高)=75.6（m³）。

C25 混凝土永久交通桥工程量：21×2(长)×5(宽)×0.6(高)=126（m³）。

3）C25 混凝土排架（图 3.2.18）。

C25 混凝土排架柱工程量：0.58×0.5×5=1.45（m³）。

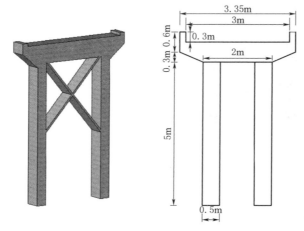

图 3.2.18 C25 混凝土排架

C25 混凝土排架梁工程量：$[0.6 \times 3.35 - 0.3 \times 3 + (2 + 3.35) \times 0.3 \times \frac{1}{2}] \times$

$0.58 = 1.11$（m^3）。

C25 混凝土排架总工程量：$1.45 \times 18 + 1.11 \times 9 = 36.09$（$m^3$）。

4）启闭机室（图 3.2.19）。

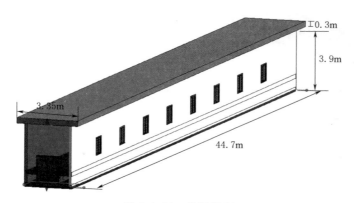

图 3.2.19 启闭机室

启闭机室工程量：$3.9 \times 44.7 \times 0.3 \times 2 + 3.35 \times 44.7 \times 0.3 = 149.52$（$m^3$）。

4. 下游消力池段

（1）C20 混凝土消力池（图 3.2.20）。

C20 混凝土消力池工程量：

前段倾斜部分：

护坦：$(19.4 + 19.75) \times \sqrt{17} \times \frac{1}{2} \times 0.5 \times 2 = 80.71$（$m^3$）。

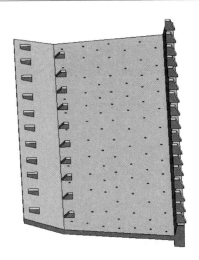

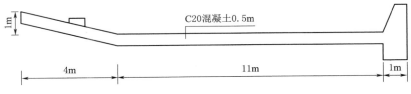

C20混凝土0.5m

1m

4m　　　　11m　　　　1m

图 3.2.20　消力池

中段未倾斜部分：

$$[(22.35-0.2-2.4)+(22.35-0.2)]\times11\times\frac{1}{2}\times2\times0.5=230.45\ (\text{m}^3)。$$

后段倾斜部分：

$$[(22.35-0.2)+22.35]\times1\times\frac{1}{2}\times2\times2.5=111.25\ (\text{m}^3)。$$

21 个消力墩：$(0.4+1)\times1.3\times\frac{1}{2}\times0.6\times21=11.47\ (\text{m}^3)$。

C20 混凝土消力池总工程量：$80.71+230.45+111.25+11.47=433.88\ (\text{m}^3)$。

（2）消力池段反滤层（图 3.2.21）。

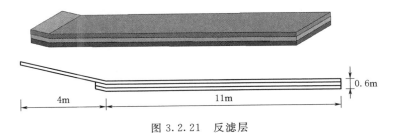

0.6m

4m　　　　11m

图 3.2.21　反滤层

前段倾斜部分：

$(19.4+19.75)\times\sqrt{17}\times\dfrac{1}{2}\times0.2\times2=32.28$ （m³）。

中段未倾斜部分：

$[(22.35-0.2-2.4)+(22.35-0.2)]\times11\times\dfrac{1}{2}\times2\times0.6=276.54$ （m³）。

消力池段反滤层的工程量：

$32.28+276.54=308.82$ （m³）。

（3）八字墙（图 3.2.22）。

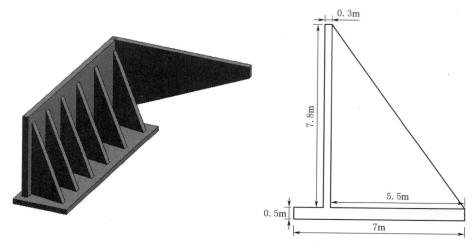

图 3.2.22　八字墙

1）趾板：

16(长)×7(宽)×0.5(高)＝56（m³）。

2）扶壁（4 个）：

$7.8\times5.5\times\dfrac{1}{2}\times0.3\times4=25.74$ （m³）。

3）墙面板：

$16\times7.8\times0.3=37.44$ （m³）。

下游 C25 混凝土八字墙工程量：

$(56+25.74+37.44)\times2=238.36$ （m³）。

5. 海漫段

（1）下游海漫段 1（M10 浆砌石护底见图 3.2.23）。

M10 浆砌石护底工程量：22.35×2(长)×8(宽)×0.4(厚)＝143.04（m³）。

碎石护底垫层工程量：22.35×2(长)×8(宽)×0.1(厚)＝35.76（m³）。

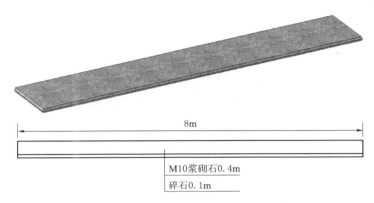

图 3.2.23　M10 浆砌石护底

（2）下游海漫段 1（M7.5 浆砌石护坡见图 3.2.24）。

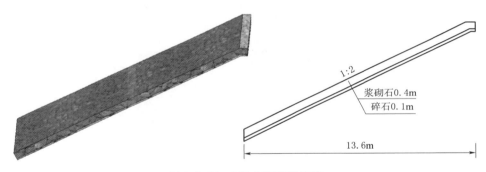

图 3.2.24　M7.5 浆砌石护坡

此处两侧护坡坡比为 1∶2，勾股定理算得边坡长度为 15.21m。

M7.5 浆砌石护坡总工程量：15.21(长)×8(宽)×0.4(厚)×2＝97.34（m³）。

碎石护坡垫层总工程量：15.21(长)×8(宽)×0.1(厚)×2＝24.34（m³）。

（3）海漫段 2。

干砌石护坡总工程量：

15.21(长)×17(宽)×0.4(厚)×2＝206.86（m³）。

干砌石护坡碎石垫层总工程量：

15.21(长)×17(宽)×0.1(厚)×2＝51.71（m³）。

干砌石护底总工程量：

22.35(长)×17(宽)×0.4(厚)×2＝303.96（m³）。

护底碎石垫层总工程量：

22.35(长)×17(宽)×0.1(厚)×2＝75.99（m³）。

6. 防冲槽段

(1) 防冲槽段护底 (图 3.2.25)。

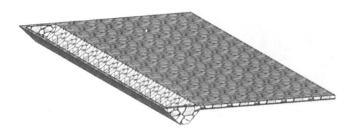

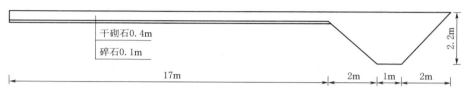

图 3.2.25 防冲槽段护底

根据棱台计算公式 $V=\dfrac{1}{3}\times H\times\left(S_\text{上}+S_\text{下}+\sqrt{S_\text{上}\times S_\text{下}}\right)$。

干砌石护底的工程量为

$$\left[22.35\times5+(22.35-2)\times1+\sqrt{22.35\times5\times20.35\times1}\right]\times2.2\times\dfrac{1}{3}\times2=263.69\,(\text{m}^3)。$$

(2) 防冲槽段护坡 (图 3.2.26)。

两侧干砌石护坡总工程量：

15.21（长）×5（宽）×0.4（厚）×2＝60.84（m³）。

两侧碎石护坡垫层总工程量：

15.21（长）×5（宽）×0.1（厚）×2＝15.21（m³）。

7. 土方开挖及回填

张集闸土方开挖分为6个部分，分别为：①上游引渠段（图3.2.27）；②上游铺盖段护坡（图3.2.28）；③上游铺盖段翼墙（图 3.2.29）；④闸室段（图3.2.30）；⑤下游八字墙段（图3.2.31）；⑥下游出口防冲槽段（图3.2.32）。

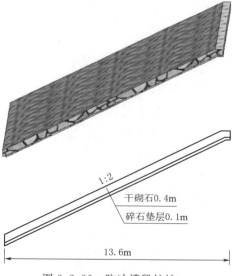

图 3.2.26 防冲槽段护坡

（1）上游引渠段（图 3.2.27）。

图 3.2.27　上游引渠段

上游引渠段土方开挖工程量：

$(22.35 \times 2 + 13.6 \times 2) \times (13.6 \div 2) \times 20 = 9778.40$（m³）。

上游引渠段不需要土方回填工程量：$[22.35 \times 2 + (22.35 \times 2 + 13.6 \times 2)] \times$

$\frac{1}{2} \times (13.6 \div 2) \times 20 = 7928.80$（m³）。

上游引渠段土方回填的工程量：$9778.40 - 7928.80 = 1849.60$（m³）。

（2）上游铺盖段护坡（图 3.2.28）。

图 3.2.28　上游铺盖段护坡

上游铺盖段护坡土方开挖量：

$(22.35 \times 2 + 13.6 \times 2) \times (13.6 \div 2) \times 7 = 3422.44$（m³）。

上游铺盖段护坡不需要土方回填量：

$[22.35 \times 2 + (22.35 \times 2 + 13.6 \times 2)] \times \frac{1}{2} \times (13.6 \div 2) \times 7 = 2775.08$（m³）。

上游铺盖段护坡土方回填量：

$3422.44 - 2775.08 = 647.36$（m³）。

（3）上游铺盖段翼墙（图 3.2.29）。

上游铺盖段翼墙土方开挖量：

$(22.35 \times 2 + 13.6 \times 2) \times (13.6 \div 2) \times 8.4 = 4106.93$（m³）。

上游铺盖段翼墙不需要土方回填的量：

图 3.2.29 上游铺盖段翼墙

$$[22.35 \times 2 + (22.35 \times 2 + 13.6 \times 2)] \times \frac{1}{2} \times (13.6 \div 2) \times 8.4 = 3330.10 \ (m^3)。$$

上游铺盖段翼墙土方回填量：

$4106.93 - 3330.10 = 776.83 \ (m^3)。$

（4）闸室段（图 3.2.30）。

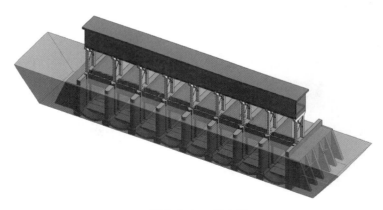

图 3.2.30 闸室段

闸室段土方开挖量：

$(22.35 \times 2 + 13.6 \times 2) \times (13.6 \div 2) \times 12 = 5867.04 \ (m^3)。$

闸室段不需要土方回填的量：

$$[22.35 \times 2 + (22.35 \times 2 + 13.6 \times 2)] \times \frac{1}{2} \times (13.6 \div 2) \times 12 = 4757.28 \ (m^3)。$$

闸室段土方回填量：

$5867.04 - 4757.28 = 1109.76 \ (m^3)。$

（5）下游八字墙段（图 3.2.31）。

下游八字墙段土方开挖量：

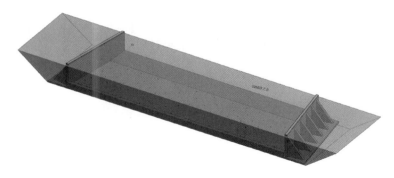

图 3.2.31 下游八字墙段

$(22.35 \times 2 + 13.6 \times 2) \times (13.6 \div 2) \times 16 = 7822.72$ （m^3）。

下游八字墙段不需要土方回填的量：

$[22.35 \times 2 + (22.35 \times 2 + 7 \times 2)] \times \frac{1}{2} \times (13.6 \div 2) \times 16 = 5624.96$ （m^3）。

下游八字墙段土方回填量：

$7822.72 - 5624.96 = 2197.76$ （m^3）。

（6）下游出口防冲槽段（图 3.2.32）。

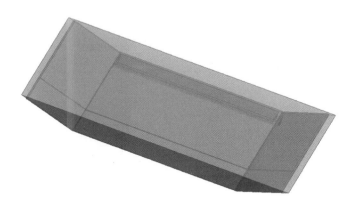

图 3.2.32 下游出口防冲槽段

下游出口防冲槽段 1 土方开挖工程量：

$(22.35 \times 2 + 13.6 \times 2) \times 1/2 \times (13.6 \div 2) \times 8 = 3911.36$ （m^3）。

下游出口防冲槽段 1 不需要土方回填工程量：

$[22.35 \times 2 + (22.35 \times 2 + 13.6 \times 2)] \times \frac{1}{2} \times (13.6 \div 2) \times 8 = 3171.52$ （m^3）。

下游出口防冲槽段 1 土方回填量：$3911.36 - 3171.52 = 739.84$ （m^3）。

下游出口防冲槽段 2 土方开挖工程量：

（22.35×2＋13.6×2）×（13.6÷2）×22＝10756.24（m³）。

下游出口防冲槽段 2 不需要土方回填工程量：

$[22.35×2＋（22.35×2＋13.6×2）]×\dfrac{1}{2}×（13.6÷2）×22＝8721.68$（m³）。

下游出口防冲槽段 2 土方回填工程量：

10756.24－8721.68＝2034.56（m³）。

3.3 建筑工程单价

3.3.1 人工预算单价

张集闸人工单价按照引水工程及一般地区取值见表 3.3.1。

表 3.3.1　　　　　人 工 单 价 标 准 表　　　　单位：元/工时

类别与等级	一般地区	一类区	二类区	三类区	四类区	五类区（西藏二类）	六类区（西藏三类）	西藏四类
枢纽工程								
工长	11.55	11.8	11.98	12.26	12.76	13.61	14.63	15.4
高级工	10.67	10.92	11.09	11.38	11.88	12.73	13.74	14.51
中级工	8.9	9.15	9.33	9.62	10.12	10.96	11.98	12.75
初级工	6.13	6.38	6.55	6.84	7.34	8.19	9.21	9.98
引水工程								
工长	9.27	9.47	9.61	9.84	10.24	10.92	11.73	12.11
高级工	8.57	8.77	8.91	9.14	9.54	10.21	11.03	11.4
中级工	6.62	6.82	6.96	7.19	7.59	8.26	9.08	9.45
初级工	4.64	4.84	4.98	5.21	5.61	6.29	7.1	7.47
河道工程								
工长	8.02	8.19	8.31	8.52	8.86	9.46	10.17	10.49
高级工	7.4	7.57	7.7	7.9	8.25	8.84	9.55	9.88
中级工	6.16	6.33	6.46	6.66	7.01	7.6	8.31	8.63
初级工	4.26	4.43	4.55	4.76	5.1	5.7	6.41	6.73

3.3.2 电风水基础单价

1. 电价

（1）外购电。基本电价张集闸采用 0.6 元/(kW·h)。

高压损耗率取值范围为 3%～5%，取 4%；低压损耗率为 6%～7%，取 6%。

一般供电设施维修摊销费取 0.04 元/(kW·h)。

外购电价＝基本电价/(1－高压损耗率)/(1－低压损耗率)＋维修摊销费。经计算，外购电价为 0.7049 元/(kW·h)。

（2）自发电。柴油发电机组供冷却水的方式有两种，本工程采用水泵冷却。

当柴油发电机组用自设水泵供冷却水时，需 2 台柴油发电机（480kW），2 台 75kW 单级离心水泵。自发电价＝(柴油发电机组（台）时总费用＋水泵组（台）时总费用)/(发电机总功率×发电机出力系数 K)/(1－厂用电率)/(1－低压损耗率)＋维修摊销费。经计算，自发电价为 1.3227 元/(kW·h)。

外购电比例占 80%，自发电比例占 20%，则综合电价为 0.83 元/(kW·h)。

2. 风价

空压机用自设水泵供冷却水，选用 4 台 20m³/min 的固定式空压机，1 台 75kW 单级离心水泵，风价＝(空气压缩机组（台）时总费用＋水泵组（台）时总费用)/(空压机额定出风量之和×60×能量系数 K)/(1－供风损耗率)＋维修摊销费。经计算，风价为 0.13 元/(kW·h)。

3. 水价

选用 22kW 单级离心水泵 1 台，其水泵额定容量为 28m³/h。

施工用水价格＝水泵组（台）时总费用/(水泵额定容量之和×K)/(1－供水损耗率)＋供水设施维修摊销费。

经计算，施工用水价格为 1.14 元/m³。

其中：K 取 0.85，供水损耗率取 10%，供水设施维修摊销费为 0.05 元/m³。

3.3.3 材料预算价格

主要材料预算价＝(材料原价＋运杂费)×(1＋采购及保管费率)＋运输保险费。

以水泥 32.5 为例：

材料原价为 310 元/t；

运杂费为 21.66 元/t；

采购及保管费率为 3.3%；

运输保险费为 1%；

经计算得水泥的预算价为 345.70 元/t。

主要材料价格表见表 3.3.2。

表 3.3.2   主 要 材 料 价 格 表   单位：元

材 料	单 位	预 算 价	基 价	价 差
水泥	t	345.70	255	90.70
汽油	t	3260	3075	185
柴油	t	3060	2990	70
炸药	t	8251.25	5150	3101.25
块石	m^3	87.13	70	17.13
石子	m^3	104.03	70	34.03
砂子	m^3	105.06	70	35.06

其他材料价格：黏土单价＝28 元/m^3，编织袋单价＝0.5 元/个。

3.3.4 混凝土单价

1. 纯混凝土材料单价

在水利部《水利建筑工程概算定额（下册）》附录 7 中给出了混凝土、砂浆配合比、材料用量表。查该表得 C25 纯混凝土水泥 32.5 二级配的最大粒径为 40mm，1m^3 该混凝土需要水泥 310kg、粗砂 699kg（0.47m^3）、卵石 1389kg（0.81m^3）、水 0.15m^3。张集闸将粗砂替换为中砂，将卵石替换为碎石，根据骨料不同混凝土换算系数（表 3.3.3），对各材料的用量进行调整。

表 3.3.3   骨料不同混凝土换算系数

项 目	水泥	砂	石子	水
卵石换为碎石	1.10	1.10	1.06	1.10
粗砂换为中砂	1.07	0.98	0.98	1.07
粗砂换为细砂	1.10	0.96	0.97	1.10
粗砂换为特细砂	1.16	0.90	0.95	1.16

调整后的各材料用量为：水泥：$310 \times 1.10 \times 1.07 = 365$（kg），中砂：$0.47 \times 1.10 \times 0.98 = 0.51$（$m^3$），碎石：$0.81 \times 1.06 \times 0.98 = 0.84$（$m^3$），水：$0.15 \times 1.10 \times 1.07 = 0.177$（$m^3$）。

C25 纯混凝土水泥 32.5 二级配预算价＝各材料的量×各材料的单价＝187.78 元/m³。

价差＝需调差材料的量×需调差材料的价差＝365×90.7÷1000＋0.51×35.06＋0.84×34.03＝79.57（元/m³）。

同理 C10 纯混凝土水泥 32.5 二级配预算价 150.04 元/m³，价差 67.33 元/m³。

C20 纯混凝土水泥 32.5 二级配预算价 182.82 元/m³，价差 78.01 元/m³。

2. 掺外加剂混凝土材料的单价

与纯混凝土材料单价类似，根据《水利建筑工程概算定额（下册）》附录 7 中得到掺外加剂混凝土材料配合比及材料用量，乘上相对应的单价，得到掺外加剂混凝土材料的单价。

3. 掺粉煤灰混凝土材料的单价

《水利建筑工程概算定额（下册）》附录 7 中列出了掺粉煤灰 20％、25％、30％的混凝土配合比材料的预算量。取代系数＝加入粉煤灰重量÷被取代水泥重量（一般为 1.3～1.6）。取代系数乘以相对应的单价，得到掺外加剂混凝土材料的单价。

3.3.5 砂浆材料单价

《水利建筑工程概算定额（下册）》中给出了水泥砂浆材料配合表，见表 3.3.4。

表 3.3.4　　　　　　　　　　水泥砂浆材料配合表（砌筑砂浆）

砂浆强度等级	水泥 32.5/kg	砂/m³	水/m³
M5 砂浆	211	1.13	0.127
M7.5 砂浆	261	1.11	0.157
M10 砂浆	305	1.10	0.183
M12.5 砂浆	352	1.08	0.211
M15 砂浆	405	1.07	0.243
M20 砂浆	457	1.06	0.274
M25 砂浆	522	1.05	0.313
M30 砂浆	606	0.99	0.364
M40 砂浆	740	0.97	0.444

以 M5 砂浆为例，M5 砂浆预算价＝211×255÷1000＋1.13×70＋0.127×

1.14＝133.05（元/m³）。

价差＝211×90.7÷1000＋1.13×35.06＝58.76（元/m³）。

同理，M7.5 砂浆预算价 144.43 元/m³，价差 62.59 元/m³。

M10 砂浆预算价 154.98 元/m³，价差 66.23 元/m³。

3.4 建筑工程单价编制

3.4.1 编制方法

编制步骤如下。

（1）了解工程概况，熟悉设计图纸，搜集基础资料，弄清工程地质条件，确定取费标准。

（2）根据工程特征和施工组织设计确定的施工条件、施工方法及设备情况，正确选用定额子目。

（3）根据本工程的基础单价和有关费用标准，计算直接费、间接费、利润、材料补差和税金并加以汇总。

水利部现行规定的建筑工程单价计算程序见表 3.4.1。

表 3.4.1　　　　　　　　　　建筑工程单价计算程序

单价编号		项目名称			
定额编号			定额单位		
适用范围					
编号	名称及规格	单位	数量	单价/元	合计/元
			计算方法		
一	直接费		（一）＋（二）		
（一）	基本直接费		1＋2＋3		
1	人工费		∑定额劳动量×人工预算单价		
2	材料费		∑定额材料量×材料预算单价		
3	机械使用费		∑定额机械台时×台时费		
（二）	其他直接费		（一）×其他直接费率		
二	间接费		一×间接费率		
三	企业利润		（一＋二）×企业利润率		
四	价差		（材料预算价格－材料基价）×材料消耗量		
五	税金		（一＋二＋三＋四）×税率		
六	单价合计		一＋二＋三＋四＋五		

3.4.2 单价计算

3.4.2.1 基本直接费

人工费是工长、高级工、中级工、初级工的数量和单价的乘积之和。人工费从表3.3.1中取值。以干砌石平面护坡为例，定额编号30017，工长11.6工时，工长单价9.27元/工时。中级工179.1工时，6.62元/工时。初级工394工时，4.64元/工时。人工费＝11.6×9.27＋179.1×6.62＋394×4.64＝3121.33（元）。

材料费：对于干砌石平面护坡，块石116m³，块石单价为87.13元/m³，则材料费为8120元，其他材料费为8120×1％＝81.20元。

机械使用费：胶轮车为例，定额编号为3074，折旧费＝0.26/1.13＝0.23（元/台时），修理及替换设备费＝0.64/1.09＝0.59（元/台时），台时费＝0.23＋0.59＝0.82（元/台时）。其余机械台时费详情见附录。

基本直接费＝人工费＋材料费＋机械使用费＝3121.33＋8201.20＋66.10＝11388.63（元）。

3.4.2.2 其他直接费

其他直接费包括冬雨季施工增加费、夜间施工增加费、特殊地区施工增加费、临时设施费、安全生产措施费和其他。其他直接费＝基本直接费×其他直接费费率＝11388.63×4.6％＝523.88（元）。张集闸其他直接费费率取值详情见表3.4.2。

表 3.4.2　　　　　　　其 他 直 接 费 费 率

序号	费 用 名 称	费率/％
1	冬雨季施工增加费	0.5
2	夜间施工增加费	0.3
3	临时设施费	1.8
4	安全生产措施费	1.4
5	其他	0.6
合计		4.6

3.4.2.3 间接费

张集闸为引水工程，其干砌石平面护坡属于石方工程，间接费费率取10.5％。间接费＝直接费×间接费费率＝（11388.63＋523.88）×10.5％＝1250.81（元）。

3.4.2.4 企业利润

企业利润的费率按 7% 计算。

企业利润＝（直接费＋间接费）×费率＝（11388.63＋523.88＋1250.81）× 7%＝921.43（元）。

3.4.2.5 价差

需要对块石进行调差。块石的价差为 17.13 元/m³，块石的量为 116m³。

价差＝17.13×116＝1987.08（元）。

3.4.2.6 税金

根据《财政部 税务总局 海关总署关于深化增值税改革有关政策的公告》（财政部 税务总局 海关总署公告 2019 年第 39 号）有关规定，税金的费率按 9% 计算。

税金＝（直接费＋间接费＋企业利润＋价差）×费率。

经计算，税金为 1446.46 元。

3.4.3 单价分析

以定额编号为 30017 的干砌石平面护坡为例，单价总计＝直接费＋间接费＋企业利润＋价差＋税金＝17518.29 元。直接费、间接费等汇总成建筑单价表，详情见表 3.4.3。

表 3.4.3　　　　　　　　　建筑单价表——干砌块石平面护坡

单价编号	5		项目名称		干砌块石平面护坡
定额编号	30017		定额单位		100m³ 砌体方
适用范围	选石、修石、砌筑、填缝、找平				
编号	名称及规格	单位	数量	单价/元	合计/元
一	直接费				11912.51
（一）	基本直接费				11388.63
1	人工费	工时	584.7		3121.33
	工长	工时	11.6	9.27	107.53
	高级工	工时	0	8.57	0.00
	中级工	工时	179.1	6.62	1185.64
	初级工	工时	394	4.64	1828.16

编号	名称及规格	单位	数量	单价/元	合计/元
2	材料费				8201.20
	块石	m³	116	70.00	8120.00
	其他材料	‰	1	8120.00	81.20
3	机械使用费				66.10
	胶轮车	台时	80.61	0.82	66.10
（二）	其他直接费	‰	4.6	11388.63	523.88
二	间接费	‰	10.5	11912.51	1250.81
三	企业利润	‰	7	13163.32	921.43
四	价差				1987.08
材料	块石	m³	116	17.13	1987.08
五	税金	‰	9	16071.83	1446.46
六	单价合计				17518.29

3.5 分部工程概算编制

3.5.1 概算总表

详见概算附表3.1。

3.5.2 工程部分总概算表

详见概算附表3.2。

3.5.3 建筑工程

主体建筑工程的工程量已经在3.2节计算完毕，建筑工程单价分析表由3.4节计算完成，建筑工程概算是将工程量和单价对应起来进行合计，见概算附表3.3。

3.5.4 机电设备及安装工程

机电设备及安装工程投资由设备费和安装工程费两部分组成。张集闸机电设备及安装工程概算见概算附表3.4。

3.5.5 金属结构设备及安装工程

金属结构设备及安装工程投资的编制方法同第二部分机电设备及安装工程，见概算附表 3.5。

3.5.6 施工临时工程

施工临时工程概算见概算附表 3.6。

3.5.7 独立费用

独立费用详情见概算附表 3.7。
各单价计算表见附表 3.8～附表 3.34。

3.6 概算附表

附表 3.1 **工 程 概 算 总 表** 单位：万元

序号	工程或费用名称	建安工程费	设备购置费	独立费用	合计
Ⅰ	工程部分投资				998.74
一	建筑工程	315.45			315.45
二	机电设备及安装工程	36.65	71.10		107.75
三	金属结构设备及安装工程	0.57	3.80		4.37
四	施工临时工程	468.87			468.87
五	独立费用			54.74	54.74
	一～五部分投资合计				951.18
	基本预备费				47.56
	静态投资				998.74
Ⅱ	建设征地移民补偿投资				
Ⅲ	环境保护工程投资静态投资				1.64
Ⅳ	水土保持工程投资静态投资				2.10
Ⅴ	工程投资总计（Ⅰ～Ⅳ合计）				1002.48
	静态总投资				1002.48
	价差预备费				
	建设期融资利息				
Ⅵ	总投资				1002.48

附表 3.2 　　　　　　　　工 程 部 分 总 概 算 表 　　　　　单位：万元

序号	工程或费用名称	建安工程费	设备购置费	独立费用	合计	占一～五部分投资比例/%
一	建筑工程	315.47			315.47	33.17
二	机电设备及安装工程	36.65	71.10		107.75	11.33
三	金属结构设备及安装工程	0.57	3.80		4.37	0.46
四	施工临时工程	468.87			468.87	49.29
五	独立费用			54.74	54.74	5.75
	一～五部分投资合计				951.18	100.00
	基本预备费	按一～五部分投资合计的 5%			47.56	
	静态总投资				998.76	
	价差预备费					
	建设期融资利息					
六	合　　计				998.76	

附表 3.3 　　　　　　　　　建 筑 工 程 概 算 表

编号	工程或费用名称	单位	数量	单价/元	合价/万元
壹	建筑工程				315.47
一	上游工程				
(一)	上游引渠段				
1	土方开挖	m^3	9778.40	2.76	2.73
2	土方回填	m^3	1849.60	132.22	24.46
3	上游引渠段干砌石护底	m^3	134.10	169.35	2.27
4	引渠段碎石护底垫层 1	m^3	44.70	167.43	0.75
5	引渠段 M10 浆砌石护底	m^3	178.80	302.69	5.41
6	引渠段碎石护底垫层 2	m^3	44.70	132.22	0.59
7	引渠段浆砌石格埂	m^3	90.14	290.80	2.62
8	引渠段干砌石护坡	m^3	91.26	175.18	1.60
9	引渠段护坡碎石垫层 1	m^3	30.42	167.43	0.51
10	引渠段 M7.5 浆砌石护坡	m^3	121.68	290.80	3.54
11	引渠段护坡碎石垫层 2	m^3	30.42	167.43	0.51
(二)	上游铺盖段				
1	土方开挖	m^3	7529.37	2.79	2.1

续表

编号	工程或费用名称	单位	数量	单价/元	合价/万元
2	土方回填	m³	1424.19	132.22	18.83
3	铺盖段 C20 钢筋混凝土护底	m³	266.41	465.38	12.40
4	铺盖段 C10 钢筋混凝土护底垫层	m³	66.60	373.57	2.49
5	铺盖段 M10 浆砌石护坡	m³	63.88	290.80	1.86
6	铺盖段护坡碎石垫层	m³	15.97	167.43	0.27
7	铺盖段 C25 钢筋混凝土翼墙	m³	229.00	463.65	10.62
二	闸室段				
（一）	下部结构				
1	土方开挖	m³	5867.04	2.79	1.64
2	土方回填	m³	1109.76	132.22	14.67
3	C25 钢筋混凝土反拱底板	m³	201.20	474.66	9.55
4	C10 钢筋混凝土反拱底板垫层	m³	54.08	373.57	2.02
5	闸墩	m³	742	435.10	32.28
6	C25 钢筋混凝土边墩	m³	159.60	435.10	6.94
（二）	上部结构				
1	C25 钢筋混凝土胸墙	m³	72.00	373.57	2.69
2	C25 钢筋混凝土检修桥	m³	75.60	482.60	3.65
3	C25 钢筋混凝土永久交通桥	m³	126.00	482.60	6.08
4	C25 钢筋混凝土排架	m³	36.09	474.92	1.71
5	启闭机室	m³	149.52	476.92	7.13
三	下游工程				
1	土方开挖	m³	22490.32	2.79	6.27
2	土方回填	m³	4972.16	132.22	65.74
（一）	消力池段				
1	C20 钢筋混凝土消力池	m³	433.88	465.38	20.19
2	消力池段反滤层	m³	308.82	167.66	5.18
3	下游 C25 钢筋混凝土八字墙	m³	238.36	463.65	11.05
（二）	海漫段 1				
1	M10 浆砌石护底	m³	143.04	302.69	4.33
2	碎石护底垫层	m³	35.76	167.43	0.60

续表

编号	工程或费用名称	单位	数量	单价/元	合价/万元
3	M7.5浆砌石护坡	m³	97.34	315.95	3.08
4	碎石护坡垫层	m³	24.34	167.43	0.41
（三）	海漫段2				
1	干砌石护坡	m³	206.86	175.18	3.62
2	护坡碎石垫层	m³	51.71	167.43	0.87
3	干砌石护底	m³	303.96	169.35	5.15
4	护底碎石垫层	m³	75.99	167.43	1.27
（四）	防冲槽段				
1	干砌石护底	m³	263.69	169.35	4.47
2	干砌石护坡	m³	60.84	175.18	1.07
3	碎石护坡垫层	m³	15.21	167.43	0.25

附表3.4　　　　机电设备及安装工程概算表

序号	名称及规格	单位	数量	单价/元		合计/万元	
				设备费	安装费	设备费	安装费
贰	机电设备及安装工程			704000	81995	71.10	36.65
一	供电设备安装			475000	81995	48.00	36.65
	10kV高压架空线路 LGJ-70	km	2		10000		20.00
	组合箱变 ZBW-250/10	套	1	180000	27000	18.00	2.70
	柴油发电机组 400kW	套	1	250000	37500	25.00	3.75
	高压电缆 YJV-8.7/10-3×50	m	100		150		1.50
	低压电力电缆 YJV-0.6/1-3×150+1×70	m	100		500		5.00
	低压电力电缆 YJV-0.6/1-4×10	m	500		50		2.50
	低压电力电缆 YJV-0.6/1-3×10	m	100		45		0.45
	动力配电箱	只	1	20000	3000	2.00	0.30
	照明配电箱	只	2	5000	750	1.00	0.15
	照明设施	项	1	10000	1500	1.00	0.15
	避雷接地设施	项	1	10000	1500	1.00	0.15
二	闸门监控系统			60000		6.00	

续表

序号	名称及规格	单位	数量	单价/元		合计/万元	
				设备费	安装费	设备费	安装费
	闸门监控主机	台	1	10000		1.00	
	闸门监控软件	套	1	50000		5.00	
三	视频监控设备			60000		6.00	
	图像工作站（含显示器）	台	1	10000		1.00	
	硬盘录像机	台	1	20000		2.00	
	投影仪设备	套	1	20000		2.00	
	VGA 切换器	套	1	10000		1.00	
四	安全监测自动化			109000		11.10	
	监测主机	台	1	10000		1.00	
	服务器	台	1	20000		2.00	
	交换器	台	1	5000		0.50	
	光端机	台	1	15000		1.50	
	笔记本电脑	台	1	8000		0.80	
	防雷保护器	个	3	1000		0.30	
	软件	套	1	50000		5.00	

附表 3.5　　　　　　　**金属结构设备及安装工程概算表**

序号	名称及规格	单位	数量	单价/元		合计/万元	
				设备费	安装费	设备费	安装费
叁	金属结构设备及安装工程			4750	475	3.800	0.57
1	闸门	扇	8.00	3000	450	2.400	0.36
2	启闭机	kN	8.00	1750	263	1.400	0.21
合计						4.37	

附表 3.6　　　　　　　**施工临时工程概算表**

序号	工程或费用名称	单位	工程量	单价/元	合计/万元
肆	施工临时工程				468.87
一	导流工程				4.67
1	编织袋围堰（黏土）	m³	271.00	128.88	3.60
2	导流明渠	m	100.00	80.00	0.80

续表

序号	工程或费用名称	单位	工程量	单价/元	合计/万元
3	围堰拆除（就地）	m³	271.00	10.07	0.27
二	施工交通工程				1.50
1	临时道路	km	3.00	5000.00	1.50
三	施工场外供电工程				
四	施工房屋建筑工程				440.87
1	施工仓库		70.00	300.00	2.10
2	办公、生活及文化福利建筑	%	101.50		439.77
五	其他施工临时工程				21.83
1	其他施工临时工程	%	2.50		21.83

附表 3.7 　　　　　　独 立 费 用

序号	工程或费用名称	计算基础	合计/万元
伍	独立费用合计		54.74
一	建设管理费	按工程一～四部分建安工程量的 4.2％计算	37.65
二	工程建设监理费		2.00
三	联合试运转费		
四	生产准备费		4.78
1	生产及管理单位提前进厂费	按工程一～四部分建安工程量的 0.15％计算	1.34
2	生产职工培训费	按工程一～四部分建安工程量的 0.35％计算	3.14
3	管理用具购置费	按工程一～四部分建安工程量的 0.03％计算	0.27
4	备品备件购置费	按占设备单价合计的 0.50％计算	0.019
5	工器具及生产家具购置费	按设备费的 0.15％计算	0.01
五	科研勘测设计费		6.28
1	工程科学研究试验费	按工程一～四部分建安工程量的 0.7％计算	6.28
2	工程勘测设计费		
六	其他		4.03
1	工程保险费	按工程一～四部分投资合计的 4.5‰计算	4.03
2	其他税费		

单位：元

建筑工程单价汇总表

附表 3.8

序号	定额编号	工程名称	单位	单价	直接费					其中			价差	税金
					基本直接费			其他直接费	间接费	企业利润				
					人工费	材料费	机械使用费							
1	10001	人工挖一般土方—到二类土	m³	2.79	2.07	0.10	0.00	0.10	0.11	0.17		0.00	0.23
2	30001	人工铺筑砂石垫层碎石垫层	m³	167.43	24.02	72.11	0.00	4.42	10.56	7.78		34.71	13.82
3	30002	人工铺筑砂石垫层反滤层	m³	167.66	24.02	72.11	0.00	4.42	10.56	7.78		34.92	13.84
4	30003	人工抛石护底护岸	m³	132.22	10.44	72.82	0.56	3.86	9.21	6.78		17.64	10.92
5	30017	干砌块石平面护坡	m³	175.18	31.21	82.01	0.66	5.24	12.51	9.21		19.87	14.46
6	30019	干砌块石护底	m³	169.35	26.89	82.01	0.66	5.04	12.03	8.86		19.87	13.98
7	30029	浆砌块石平面护坡（M7.5）	m³	315.95	47.94	127.22	2.95	8.19	19.56	14.41		58.85	36.82
8	30029	浆砌块石平面护坡（M10）	m³	290.80	47.94	130.96	2.95	8.37	19.97	14.71		41.88	24.02
9	30031	浆砌块石护底	m³	302.69	42.01	130.96	2.95	8.09	19.32	14.23		60.13	24.99
10	30032	浆砌块石基础	m³	261.09	37.21	121.44	2.86	7.43	17.74	13.07		39.78	21.56
11	40057	底板厚度100cm（C20）	m³	465.38	58.45	207.91	13.27	12.86	24.86	22.23		87.37	38.43

续表

序号	定额编号	工程名称	单位	单价	其中							
					直接费				间接费	企业利润	价差	税金
					基本直接费			其他直接费				
					人工费	材料费	机械使用费					
12	40057	底板厚度100cm（C25）	m³	476.66	58.45	213.49	13.27	13.12	25.36	22.66	89.12	39.19
13	40066	墩	m³	435.10	46.42	202.53	10.96	11.96	23.11	20.65	83.55	35.95
14	40068	墙厚30cm	m³	463.65	60.04	207.61	12.52	12.89	24.91	22.26	85.14	38.28
15	40069	墙厚60cm	m³	452.82	53.14	207.50	11.36	12.50	24.18	21.61	85.14	37.39
16	40080	启闭机台排架	m³	474.92	75.85	205.84	8.30	13.34	25.78	23.04	83.55	39.21
17	40096	其他混凝土基础	m³	373.57	44.79	162.71	16.49	10.33	19.92	17.80	70.70	30.85
18	40099	其他混凝土闸门槽二期	m³	605.23	174.03	201.45	14.27	17.93	34.65	30.96	81.96	49.97
19	40100	其他混凝土小体积	m³	482.60	86.14	201.20	9.76	13.67	26.42	23.60	81.96	39.85
20	90002	袋装土石围堰填筑（编织袋黏土）	m³	132.88	48.53	50.04	0.00	4.53	10.83	7.98	0.00	10.97
21	90005	袋装土石围堰拆除（编织袋黏土）	m³	10.07	7.47	0.00	0.00	0.34	0.82	0.60	0.00	0.83

附表 3.9 　　　　　　　　　　主要材料预算价格汇总表　　　　　　　　单位：元

材 料	单 位	预 算 价	基 价	价 差
水泥	t	345.70	255	90.70
汽油	t	3260	3075	185
柴油	t	3060	2990	70
炸药	t	8251.25	5150	3101.25
块石	m³	87.13	70	17.13
石子	m³	104.03	70	34.03
砂子	m³	105.06	70	35.06

附表 3.10 　　　　　　　　　　施工机械台时费汇总表　　　　　　　　单位：元

序号	名称及规格	台时费	其 中				
			折旧费	修理及替换设备费	安拆费	人工费	动力燃料费
1	0.4m³ 混凝土搅拌机	24.62	2.91	4.90	1.07	8.61	7.14
2	变频机组 8.5kVA	15.69	3.08	7.30	0.00	5.31	0.00
3	1.1kW 插入式振动器	2.06	0.28	1.12	0.00	0.00	0.66
4	6.0m³/min 风（砂）水枪	31.60	0.21	0.39	0.00	31.00	0.00
5	胶轮车	0.82	0.23	0.59	0.00	0.00	0.00
6	柴油发电机（480kW）	326.78	19.49	25.17	5.25	37.07	239.80
7	3.0m³/min 电动固定式空压机	106.01	5.24	6.26	1.01	11.92	81.59
8	75kW 单级离心水泵	73.27	1.21	5.04	1.56	8.61	56.86
9	22kW 单级离心水泵	28.57	0.38	2.20	0.70	8.61	16.68

附表 3.11 　　　　　　　　　　主 要 工 程 量 汇 总 表

序号	项 目	土方开挖/m³	土方回填/m³	石方工程/m³	混凝土/m³	钢筋/t	模板/m²
壹	建筑工程						
一	上游工程						
（一）	上游引渠段	9778.40	1849.60	766.22			
（二）	铺盖段	7529.37	1424.19	79.85	562.01		
二	闸室工程						
（一）	下部结构	5867.04	1109.76		1156.88		

序号	项 目	土方开挖/m³	土方回填/m³	石方工程/m³	混凝土/m³	钢筋/t	模板/m²
(二)	上部结构				459.21		
三	下游工程	22490.32	4972.16				
(一)	消力池段			308.82	672.24		
(二)	海漫段1			300.48			
(三)	海漫段2			638.52			
(四)	下游引渠段			339.74			
合计		45665.13	9355.71	2433.63	2850.34		

附表 3.12　　建筑工程单价表——人工挖一般土方

单价编号	1		项目名称		人工挖一般土方一到二类	
定额编号	10001			定额单位		100m³
适用范围		挖松、就近堆放				
编号	名称及规格	单位	数量	单价/元	合价/元
一	直接费				227.79
(一)	基本直接费				217.77
1	人工费				207.40
	工长	工时	0.9	9.27	8.34
	高级工	工时			
	中级工	工时			
	初级工	工时	42.9	4.64	199.06
2	材料费				10.37
	零星材料费	%	5	207.40	10.37
3	机械使用费				
(二)	其他直接费	%	4.6	217.77	10.02
二	间接费	%	5	227.79	11.39
三	企业利润	%	7	239.18	16.74
四	价差				0.00
五	税金	%	9	255.92	23.03
六	单价合计				278.95

附表 3.13　　建筑工程单价表——人工铺筑砂石垫层碎石垫层

单价编号	2		项目名称	人工铺筑砂石垫层碎石垫层	
定额编号	30001		定额单位	100m³ 砌体方	
适用范围	填筑砂石料、压实、修坡				
编号	名称及规格	单位	数量	单价/元	合计/元
一	直接费				10056.13
（一）	基本直接费				9613.89
1	人工费				2402.49
	工长	工时	10.2	9.27	94.55
	高级工	工时			
	中级工	工时			
	初级工	工时	497.4	4.64	2307.94
2	材料费				7211.40
	石子	m³	102	70.00	7140.00
	其他材料费	%	1	7140.00	71.40
3	机械使用费				
（二）	其他直接费	%	4.6	9613.89	442.24
二	间接费	%	10.5	10056.13	1055.89
三	企业利润	%	7	11112.02	777.84
四	价差				3471.06
	石子	m³	102	34.03	3471.06
五	税金	%	9	15360.92	1382.48
六	单价合计				16743.40

附表 3.14　　建筑工程单价表——人工铺筑砂石垫层反滤层

单价编号	3		项目名称	人工铺筑砂石垫层反滤层	
定额编号	30002		定额单位	100m³ 砌体方	
适用范围	填筑砂石料、压实、修坡				
编号	名称及规格	单位	数量	单价/元	合计/元
一	直接费				10056.13
（一）	基本直接费				9613.89
1	人工费				2402.49
	工长	工时	10.2	9.27	94.55

续表

编号	名称及规格	单位	数量	单价/元	合计/元
	高级工	工时			
	中级工	工时			
	初级工	工时	497.4	4.64	2307.94
2	材料费				7211.40
	石子	m³	81.6	70.00	5712.00
	砂子	m³	20.4	70.00	1428.00
	其他材料费	%	1		71.40
3	机械使用费				
（二）	其他直接费	%	4.6	9613.89	442.24
二	间接费	%	9	10056.13	905.05
三	企业利润	%	7	11112.02	777.84
四	价差				3492.07
	石子	m³	81.6	34.03	2776.85
	砂子	m³	20.4	35.06	715.22
五	税金	%	9	15381.93	1384.37
六	单价合计				16766.30

附表 3.15　　　建筑工程单价表——人工抛石护底护岸

单价编号	4		项目名称		人工抛石护底护岸	
定额编号	30003			定额单位	100m³ 抛投方	
适用范围	石料运输、抛石、整平					
编号	名称及规格	单位	数量	单价/元	合价/元	
一	直接费				8767.55	
（一）	基本直接费				8381.98	
1	人工费				1043.96	
	工长	工时	4.4	9.27	40.79	
	高级工	工时				
	中级工	工时				
	初级工	工时	216.2	4.64	1003.17	
2	材料费				7282.10	
	块石	m³	103	70.00	7210.00	

续表

编号	名称及规格	单位	数量	单价/元	合价/元
	其他材料费	%	1		72.10
3	机械使用费				55.92
	胶轮车	台时	68.2	0.82	55.92
（二）	其他直接费	%	8381.98	4.6	385.57
二	间接费	%	10.5	8767.55	920.59
三	企业利润	%	7	9688.14	678.17
四	价差				1764.39
	块石	m³	103	17.13	1764.39
五	税金	%	9	12130.70	1091.76
六	单价合计				13222.46

附表 3.16   建筑工程单价表——干砌块石平面护坡

单价编号	5		项目名称	干砌块石平面护坡	
定额编号	30017		定额单位	100m³ 砌体方	
适用范围	选石、修石、砌筑、填缝、找平				
编号	名称及规格	单位	数量	单价/元	合计/元
一	直接费				11912.51
（一）	基本直接费				11388.63
1	人工费				3121.33
	工长	工时	11.6	9.27	107.53
	高级工	工时			
	中级工	工时	179.1	6.62	1185.64
	初级工	工时	394	4.64	1828.16
2	材料费				8201.20
	块石	m³	116	70.00	8120.00
	其他材料费	%	1	8120	81.20
3	机械使用费				66.10
	胶轮车	台时	80.61	0.82	66.10
（二）	其他直接费	%	4.6	11388.63	523.88
二	间接费	%	10.5	11912.51	1050.81

编号	名称及规格	单位	数量	单价/元	合计/元
三	企业利润	%	7	13163.32	921.43
四	价差				1987.08
	块石	m³	116	17.13	1987.08
五	税金	%	9	16071.83	1446.46
六	单价合计				17518.29

附表 3.17　　　　建筑工程单价表——干砌块石护底

单价编号	6		项目名称		干砌块石护底	
定额编号	30019			定额单位		100m³ 砌体方
适用范围			选石、修石、砌筑、填缝、找平			
编号	名称及规格	单位	数量	单价/元		合计/元
一	直接费					11459.89
(一)	基本直接费					10955.92
1	人工费					2688.62
	工长	工时	10.2	9.27		94.55
	高级工	工时				
	中级工	工时	142.4	6.62		942.69
	初级工	工时	355.9	4.64		1651.38
2	材料费1					8201.20
	块石	m³	116	70.00		8120.00
	其他材料费	%	1			81.20
3	机械使用费					66.10
	胶轮车	台时	80.61	0.82		66.10
(二)	其他直接费	%	4.6	10955.92		503.97
二	间接费	%	10.5	11459.89		1203.29
三	企业利润	%	7	12663.18		886.42
四	价差					1987.08
	块石	m³	116	17.13		1987.08
五	税金	%	9	15536.68		1398.30
六	单价合计					16934.98

附表3.18 建筑工程单价表——浆砌块石平面护坡（M7.5砂浆）

单价编号	7	项目名称		浆砌块石平面护坡（M7.5砂浆）	
定额编号	30029		定额单位		100m³ 砌体方
适用范围		选石、修石、冲洗、拌制砂浆、砌筑、勾缝			
编号	名称及规格	单位	数量	单价/元	合计/元
一	直接费				18630.48
（一）	基本直接费				17811.16
1	人工费				4794.46
	工长	工时	17.3	9.27	160.37
	高级工	工时			
	中级工	工时	356.5	6.62	2360.03
	初级工	工时	490.1	4.64	2274.06
2	材料费				12721.67
	石子	m³	108	70.00	7560.00
	M7.5砂浆	m³	35.3	144.43	5098.38
	其他材料费	%	0.5		63.29
3	机械使用费				295.03
	混凝土搅拌机出料0.40m³	台时	6.54	24.62	161.01
	胶轮车	台时	163.44	0.82	134.02
（二）	其他直接费	%	4.6	17811.16	819.31
二	间接费	%	10.5	18630.48	1956.20
三	企业利润	%	7	20586.67	1441.07
四	价差				5884.67
	石子	m³	108	34.03	3675.24
	M7.5砂浆	m³	35.3	62.59	2209.43
五	税金	%	9	27912.41	3682.12
六	单价合计				31594.53

附表 3.19　建筑工程单价表——浆砌块石平面护坡（M10 砂浆）

单价编号	8	项目名称	浆砌块石平面护坡（M10 砂浆）		
定额编号	30029		定额单位	100m³ 砌体方	
适用范围	选石、修石、冲洗、拌制砂浆、砌筑、勾缝				
编号	名称及规格	单位	数量	单价/元	合价/元
一	直接费				19021.96
（一）	基本直接费				18185.43
1	人工费				4794.46
	工长	工时	17.3	9.27	160.37
	高级工	工时			
	中级工	工时	356.5	6.62	2360.03
	初级工	工时	490.1	4.64	2274.06
2	材料费				13095.94
	石子	m³	108	70.00	7560.00
	M10 砂浆	m³	35.3	154.98	5470.79
	其他材料费	%	0.5		65.15
3	机械使用费				295.03
	混凝土搅拌机出料 0.40m³	台时	6.54	24.62	161.01
	胶轮车	台时	163.44	0.82	134.02
（二）	其他直接费	%	4.6	18185.43	836.53
二	间接费	%	10.5	19021.96	1997.31
三	企业利润	%	7	21019.27	1471.35
四	价差				4187.96
	石子	m³	108	17.13	1850.04
	M10 砂浆	m³	35.3	66.23	2337.92
五	税金	%	9	26678.58	2401.70
六	单价合计				29080.28

附表 3.20　　　　　　　　建筑工程单价表——浆砌块石护底

单价编号	9		项目名称		浆砌块石护底	
定额编号	30031			定额单位	100m³ 砌体方	
适用范围	选石、修石、冲洗、拌制砂浆、砌筑、勾缝					
编号	名称及规格	单位	数量	单价/元	合计/元	
一	直接费				18401.39	
（一）	基本直接费				17592.15	
1	人工费				4201.18	
	工长	工时	15.4	9.27	142.76	
	高级工	工时				
	中级工	工时	292.6	6.62	1937.01	
	初级工	工时	457.2	4.64	2121.41	
2	材料费				13095.94	
	石子	m³	108	70.00	7560.00	
	M10 砂浆	m³	35.3	154.98	5470.79	
	其他材料费	%	0.5	13030.79	65.15	
3	机械使用费				295.03	
	混凝土搅拌机出料 0.40 m³	台时	6.54	24.62	161.01	
	胶轮车	台时	163.44	0.82	134.02	
（二）	其他直接费	%	4.6	17592.15	809.24	
二	间接费	%	10.5	18401.39	1932.15	
三	企业利润	%	7	20333.54	1423.35	
四	价差				6013.16	
	石子	m³	108	34.03	3675.24	
	M10 砂浆	m³	35.3	66.23	2337.92	
五	税金	%	9	27770.05	2499.30	
六	单价合计				30269.35	

附表 3.21 建筑工程单价表——浆砌块石基础

单价编号	10	项目名称			浆砌块石基础
定额编号	30032		定额单位		100m³ 砌体方
适用范围	选石、修石、冲洗、拌制砂浆、砌筑、勾缝				
编号	名称及规格	单位	数量	单价/元	合计/元
一	直接费				16894.34
（一）	基本直接费				16151.38
1	人工费				3720.79
	工长	工时	13.7	9.27	127.00
	高级工	工时			
	中级工	工时	243.3	6.62	1610.65
	初级工	工时	427.4	4.64	1983.14
2	材料费				12144.12
	块石	m³	108	70.00	7560.00
	M5 砂浆	m³	34	133.05	4523.70
	其他材料费	%	0.5		60.42
3	机械使用费				286.47
	混凝土搅拌机出料0.40m³	台时	6.3	24.62	155.11
	胶轮车	台时	160.19	0.82	131.36
（二）	其他直接费	%	4.6	16151.38	742.96
二	间接费	%	10.5	16894.34	1773.91
三	企业利润	%	7	130677.75	1306.78
四	价差				3978.10
	块石	m³	108	17.13	1850.04
	M5 砂浆	m³	34	62.59	2128.06
五	税金	%	9	23953.13	2155.78
六	单价合计				26108.91

附表 3.22　　建筑工程单价表——底板厚 100cm（C20 混凝土）

单价编号	11		项目名称		底板厚 100cm（C20 混凝土）	
定额编号	40057			定额单位	100m³	
适用范围	溢流堰、护坦、铺盖、阻滑板、闸底板、趾板等					
编号	名称及规格	单位	数量	单价/元	合计/元	
一	直接费				29249.74	
（一）	基本直接费				27963.42	
1	人工费				3507.48	
	工长	工时	17.6	9.27	163.15	
	高级工	工时	23.4	8.57	200.54	
	中级工	工时	310.6	6.62	2056.17	
	初级工	工时	234.4	4.64	1087.62	
2	材料费				20730.60	
	C20 纯混凝土 32.5 水泥 2 级配	m³	112	187.78	20475.84	
	水	m³	133	1.14	151.62	
	其他材料费	%	0.5	20627.46	103.14	
3	机械使用费				653.18	
	振捣器插入式功率 1.1kW	台时	45.84	2.06	94.43	
	风（砂）水枪耗风量 6.0m³/min	台时	17.08	31.60	539.73	
	其他机械费	%	3	634.16	19.02	
4	搅拌机拌制混凝土出料 0.4 m³	m³	112	21.9176	2454.77	
	胶轮车运混凝土运距 100m	m³	112	5.5124	617.39	
（二）	其他直接费	%	4.6	27963.42	1286.30	
二	间接费	%	8.5	29249.74	2486.23	
三	企业利润	%	7	31735.97	2222.52	
四	价差				8737.12	
	C20 纯混凝土 32.5 水泥 2 级配	m³	112	79.57	8737.12	
五	税金	%	9	42695.61	3842.60	
六	单价合计				46538.21	

附表 3.23　　建筑工程单价表——底板厚 100cm（C25 混凝土）

单价编号	12		项目名称		底板厚 100cm（C25 混凝土）		
定额编号	40057			定额单位			100m³
适用范围	溢流堰、护坦、铺盖、阻滑板、闸底板、趾板等						
编号	名称及规格	单位	数量	单价/元	合计/元		
一	直接费				29833.39		
（一）	基本直接费				28521.41		
1	人工费				3507.48		
	工长	工时	17.6	9.27	163.15		
	高级工	工时	23.4	8.57	200.54		
	中级工	工时	310.6	6.62	2056.17		
	初级工	工时	234.4	4.64	1087.62		
2	材料费				21288.59		
	C25 纯混凝土 32.5 水泥 2 级配	m³	112	187.78	21031.06		
	水	m³	133	1.14	151.62		
	其他材料费	%	0.5	21182.68	105.91		
3	机械使用费				653.18		
	振捣器插入式功率 1.1kW	台时	45.84	2.06	94.43		
	风（砂）水枪耗风量 6.0m³/min	台时	17.08	31.60	539.73		
	其他机械费	%	3	634.16	19.02		
4	搅拌机拌制混凝土出料 0.4 m³	m³	112	21.9176	2454.77		
	胶轮车运混凝土运距 100m	m³	112	5.5124	617.39		
（二）	其他直接费	%	4.6	28521.41	1311.98		
二	间接费	%	7	29833.39	2535.84		
三	企业利润	%	7	32369.23	2265.85		
四	价差				8911.84		
	C25 纯混凝土 32.5 水泥 2 级配	m³	112	79.57	8911.84		
五	税金	%	9	43546.92	3919.22		
六	单价合计				47466.14		

附表 3.24 　　　　　　　　建筑工程单价表——墩

单价编号	13		项目名称			墩	
定额编号	40066			定额单位		100m³	
适用范围	水闸闸墩、溢洪道闸墩、桥墩、靠船墩、渡槽墩						
编号	名称及规格	单位	数量	单价/元		合计/元	
一	直接费					27186.77	
（一）	基本直接费					25991.18	
1	人工费					2450.52	
	工长	工时	12.2	9.27		113.09	
	高级工	工时	16.3	8.57		139.69	
	中级工	工时	220.4	6.62		1459.05	
	初级工	工时	159.2	4.64		738.69	
2	材料费					20196.12	
	C25 纯混凝土 32.5 水泥 2 级配	m³	105	187.78		19716.90	
	水	m³	73	1.14		83.22	
	其他材料费	%	2	19800.12		396.00	
3	机械使用费					464.39	
	振捣器插入式功率 1.1kW	台时	21.42	2.06		44.13	
	变频机组容量 8.5kVA	台时	10.71	15.69		168.04	
	风（砂）水枪耗风量 6.0m³/min	台时	5.74	31.60		181.38	
	其他机械费	%	18	393.55		70.84	
4	搅拌机拌制混凝土出料 0.4 m³	m³	105	21.9176		2301.35	
	胶轮车运混凝土运距 100m	m³	105	5.5124		578.80	
（二）	其他直接费	%	4.6	25991.18		1195.59	
二	间接费	%	7	27186.77		2310.88	
三	企业利润	%	7	29497.65		2064.84	
四	价差					8354.85	
	C25 纯混凝土 32.5 水泥 2 级配	m³	105	79.57		8354.85	
五	税金	%	9	39917.34		3592.56	
六	单价合计					43509.90	

附表 3.25 建筑工程单价表——墙厚30cm

单价编号	14		项目名称			墙厚30cm	
定额编号		40068			定额单位		100m³
适用范围		坝体内截水墙、齿墙、心墙、斜墙、挡土墙、板					
编号	名称及规格		单位	数量	单价/元		合计/元
一	直接费						29305.65
（一）	基本直接费						28016.87
1	人工费						3770.38
	工长		工时	14.5	9.27		134.42
	高级工		工时	33.9	8.57		290.52
	中级工		工时	270.9	6.62		1793.36
	初级工		工时	334.5	4.64		1552.08
2	材料费						20703.61
	C25纯混凝土32.5水泥2级配		m³	107	187.78		20092.46
	水		m³	180	1.14		205.20
	其他材料费		％	2	20297.66		405.95
3	机械使用费						605.45
	振捣器插入式功率1.1kW		台时	54.05	2.06		111.34
	风（砂）水枪耗风量6.0 m³/min		台时	13.50	31.60		426.60
	其他机械费		％	18	537.94		69.93
4	搅拌机拌制混凝土出料0.4 m³		m³	107	21.9176		2345.18
	胶轮车运混凝土运距100m		m³	107	5.5124		589.83
（二）	其他直接费		％	4.6	28016.87		1288.78
二	间接费		％	8.5	29305.65		2490.98
三	企业利润		％	7	31796.63		2225.76
四	价差						8513.99
	C25纯混凝土32.5水泥2级配		m³	107	79.57		8513.99
五	税金		％	9	42536.38		3828.27
六	单价合计						46364.65

附表 3.26　　　　　　**建筑工程单价表——墙厚 60cm**

单价编号	15		项目名称		墙厚 60cm	
定额编号	40069			定额单位	100m³	
适用范围	坝体内截水墙、齿墙、心墙、斜墙、挡土墙、板					
编号	名称及规格	单位	数量	单价/元	合计/元	
一	直接费				28450.47	
（一）	基本直接费				27199.30	
1	人工费				3080.58	
	工长	工时	11.3	9.27	104.75	
	高级工	工时	26.4	8.57	226.25	
	中级工	工时	211.1	6.62	1397.48	
	初级工	工时	291.4	4.64	1352.10	
2	材料费				20691.99	
	C25 纯混凝土 32.5 水泥 2 级配	m³	107	187.78	20092.46	
	水	m³	170	1.14	193.80	
	其他材料费	%	2	20286.26	405.73	
3	机械使用费				491.73	
	振捣器插入式功率 1.1kW	台时	43.73	2.06	90.08	
	风（砂）水枪耗风量 6.0 m³/min	台时	10.92	31.60	345.07	
	其他机械费	%	13	435.15	56.57	
4	搅拌机拌制混凝土出料 0.4 m³	m³	107	21.9176	2345.18	
	胶轮车运混凝土运距 100m	m³	107	5.5124	589.83	
（二）	其他直接费	%	4.6	27199.30	1251.17	
二	间接费	%	7	28450.47	2418.29	
三	企业利润	%	8.5	30868.76	2160.81	
四	价差				8513.99	
	C25 纯混凝土 32.5 水泥 2 级配	m³	107	79.57	8513.99	
五	税金	%	9	41543.56	3738.92	
六	单价合计				45282.48	

附表 3.27　　　　　　　建筑工程单价表——排架

单价编号	16		项目名称		排　架	
定额编号	40080			定额单位	100m³	
适用范围			渡槽、桥梁			
编号	名称及规格	单位	数量	单价/元	合计/元	
一	直接费				30333.51	
（一）	基本直接费				28999.53	
1	人工费	工时	861.5		5393.77	
	工长	工时	25.8	9.27	239.17	
	高级工	工时	77.5	8.57	664.18	
	中级工	工时	491.1	6.62	3251.08	
	初级工	工时	267.1	4.64	1239.34	
2	材料费				20527.98	
	C25 纯混凝土 32.5 水泥 2 级配	m³	105	187.78	19716.90	
	水	m³	187	1.14	213.18	
	其他材料费	%	3	19930.08	597.90	
3	机械使用费				197.63	
	振捣器插入式功率1.1kW	台时	47.12	2.06	97.07	
	风（砂）水枪耗风量6.0 m³/min	台时	2.14	31.60	67.62	
	其他机械费	%	20	164.69	32.94	
4	搅拌机拌制混凝土出料0.4 m³	m³	105	21.9176	2301.35	
	胶轮车运混凝土运距100m	m³	105	5.5124	578.80	
（二）	其他直接费	%	4.6	28999.53	1333.98	
二	间接费	%	8.5	30333.51	2578.35	
三	企业利润	%	7	32911.86	2303.83	
四	价差				8354.85	
	C25 纯混凝土 32.5 水泥 2 级配	m³	105	79.57	8354.85	
五	税金	%	9	43570.54	3921.35	
六	单价合计				47491.89	

附表 3.28　　　　建筑工程单价表——其他混凝土基础

单价编号	17	项目名称		其他混凝土基础	
定额编号	40096		定额单位	100m³	
适用范围	基础、护坡框格、二期混凝土及小体积混凝				
编号	名称及规格	单位	数量	单价/元	合计/元
一	直接费				23431.79
（一）	基本直接费				22398.46
1	人工费				2287.07
	工长	工时	11.4	9.27	105.68
	高级工	工时	19	8.57	162.83
	中级工	工时	198.1	6.62	1311.42
	初级工	工时	152.4	4.64	707.14
2	材料费				16214.63
	C25 纯混凝土 32.5 水泥 2 级配	m³	105	150.04	15754.2
	水	m³	125	1.14	142.50
	其他材料费	%	10	15896.70	317.93
3	机械使用费				1016.61
	振捣器插入式功率 1.1kW	台时	21.42	2.06	44.13
	风（砂）水枪耗风量 6.0m³/min	台时	27.85	31.60	880.06
	其他机械费	%	10	924.19	92.42
4	搅拌机拌制混凝土出料 0.4m³	m³	105	21.9176	2301.35
	胶轮车运混凝土运距 100m	m³	105	5.5124	578.80
（二）	其他直接费	%	4.6	22398.46	1033.33
二	间接费	%	8.5	23431.79	1991.70
三	企业利润	%	7	25423.49	1779.64
四	价差				7069.65
	C25 纯混凝土 32.5 水泥 2 级配	m³	105	67.33	7069.65
五	税金	%	9	34272.78	3084.55
六	单价合计				37357.33

附表 3.29　　　　　建筑工程单价表——其他混凝土闸门槽二期

单价编号	18		项目名称		其他混凝土闸门槽二期	
定额编号	40099			定额单位	100m³	
适用范围	基础、护坡框格、二期混凝土及小体积混凝土					
编号	名称及规格		单位	数量	单价/元	合计/元
一	直接费					40767.95
（一）	基本直接费					38975.10
1	人工费					15253.43
	工长		工时	72.6	9.27	673.00
	高级工		工时	242.1	8.57	2074.80
	中级工		工时	1380	6.62	9135.60
	初级工		工时	726.3	4.64	3370.03
2	材料费					20071.38
	C25 纯混凝土 32.5 水泥 2 级配		m³	103	187.78	19341.34
	水		m³	143	1.14	163.02
	其他材料费		%	3	19504.36	585.13
3	机械使用费					806.89
	振捣器插入式功率1.1kW		台时	95.17	2.06	196.05
	风（砂）水枪耗风量6.0m³/min		台时	16.8	31.60	530.88
	其他机械费		%	11	726.93	79.96
4	搅拌机拌制混凝土出料0.4m³		m³	103	21.9176	2257.51
	胶轮车运混凝土运距100m		m³	103	5.5124	567.78
（二）	其他直接费		%	4.6	38975.10	1792.85
二	间接费		%	8.5	40767.95	3465.28
三	企业利润		%	7	44233.23	3096.33
四	价差					8195.71
	C25 纯混凝土 32.5 水泥 2 级配		m³	103	79.57	8195.71
五	税金		%	9	55525.27	4997.27
六	单价合计					60522.54

附表 3.30　　　　　　　　　建筑工程单价表——排架

单价编号	19	项目名称		排　架	
定额编号	40100		定额单位		100m³
适用范围		渡槽、桥梁			
编号	名称及规格	单位	数量	单价/元	合计/元
一	直接费				31077.36
（一）	基本直接费				29710.67
1	人工费				6464.37
	工长	工时	30.8	9.27	285.52
	高级工	工时	102.6	8.57	879.28
	中级工	工时	584.8	6.62	3871.38
	初级工	工时	307.8	4.64	1428.19
2	材料费				20046.83
	C25 纯混凝土 32.5 水泥 2 级配	m³	103	187.78	19341.34
	水	m³	122	1.14	139.08
	其他材料费	%	3	19480.42	584.41
3	机械使用费				356.18
	振捣器插入式功率 1.1kW	台时	37.38	2.06	77.00
	风（砂）水枪耗风量 6.0 m³/min	台时	7.81	31.60	246.80
	其他机械费	%	10	323.80	32.38
4	搅拌机拌制混凝土出料 0.4 m³	m³	103	21.9176	2257.51
	胶轮车运混凝土运距 100m	m³	103	5.5124	567.78
（二）	其他直接费	%	4.6	29710.67	1366.69
二	间接费	%	8.5	31077.36	2641.58
三	企业利润	%	7	33718.94	2360.33
四	价差				8195.71
	C25 纯混凝土 32.5 水泥 2 级配	m³	103	79.57	8195.71
五	税金	%	9	44274.98	3984.75
六	单价合计				48259.73

附表 3.31　建筑工程单价表——袋装土石围堰填筑（编织袋黏土）

单价编号	20	项目名称	袋装土石围堰填筑（编织袋黏土）	
定额编号	90002		定额单位	100m³ 堰体方
适用范围	装土（石）、封包、堆筑			
编号	名称及规格	单位	数量	单价/元	合计/元
---	---	---	---	---	---
一	直接费				10310.18
（一）	基本直接费				9856.77
1	人工费				4853.23
	工长	工时	21	9.27	194.67
	高级工	工时			
	中级工	工时			
	初级工	工时	1004	4.64	4658.56
2	材料费				5003.54
	黏土	m³	118	28.00	3304.00
	编织袋	个	3300	0.50	1650.00
	其他材料	％	1	4954.00	49.54
3	机械使用费				
（二）	其他直接费	％	4.6	9856.77	453.41
二	间接费	％	10.5	10310.18	1082.57
三	企业利润	％	7	11392.75	797.79
四	价差				0.00
五	税金	％	9	12190.54	1097.15
六	单价合计				13287.69

附表 3.32　建筑工程单价表——袋装土石围堰拆除（编织袋黏土）

单价编号	21	项目名称	袋装土石围堰拆除（编织袋黏土）	
定额编号	90005		定额单位	100m³ 堰体方
工作内容	拆除、清理			
编号	名称及规格	单位	数量	单位/元	合计/元
---	---	---	---	---	---
一	直接费				781.37
（一）	基本直接费				747.01

续表

编号	名称及规格	单位	数量	单位/元	合计/元
1	人工费				747.01
	工长	工时	3	9.27	27.81
	高级工	工时			
	中级工	工时			
	初级工	工时	155	4.64	719.20
2	材料费				
3	机械使用费				
（二）	其他直接费	%	4.6	747.01	34.36
二	间接费	%	10.5	781.37	82.04
三	企业利润	%	7	863.41	60.44
四	价差				
五	税金	%	9	923.85	83.15
六	单价合计				1007.00

附表 3.33　　建筑工程单价表——混凝土拌制

单价编号	22		项目名称		混凝土拌制	
定额编号	40171			定额单位	100m³	
施工方法			混凝土拌制			
编号	名称及规格	单位	数量	单价/元	合计/元	
一	直接费				2190.99	
（一）	基本直接费					
1	人工费				1611.25	
	工长	工时				
	高级工	工时				
	中级工	工时	126.2	6.62	835.44	
	初级工	工时	167.2	4.64	775.81	
2	材料费				42.96	
	零星材料费	%	2	2148.03	42.96	
3	机械使用费				536.78	
	搅拌机 0.4m³	台时	18.9	24.62	465.32	
	胶轮车	台时	87.15	0.82	71.46	

附表 3.34　　　　建筑工程单价表——混凝土运输

单价编号	23	项目名称	混凝土运输	
定额编号	40181		定额单位	100m³
施工方法	混凝土运输			
编号	名称及规格	单位	数量	单价/元	合计/元
一	直接费				
（一）	基本直接费				572.86
1	人工费				476.06
	工长	工时			
	高级工	工时			
	中级工	工时			
	初级工	工时	102.60	4.64	476.06
2	材料费				32.43
	零星材料费	%	6.00	540.43	32.43
3	机械使用费				64.37
	胶轮车	台时	78.50	0.82	64.37

第4章 营船港闸工程概算书

4.1 营船港闸工程概况

4.1.1 工程简介

营船港闸位于江苏省通州市永兴镇北端500m，开发区振兴路上，是一座具有排涝、引水灌溉及通航等综合效益的节制闸工程。

营船港闸为2级水工建筑物，设计排涝流量为240m³/s，校核排涝流量为252m³/s，最大引水流量为117m³/s。

4.1.2 基本资料与设计条件

4.1.2.1 规划设计水位

本工程规划设计水位见表4.1.1。

表 4.1.1　　　　　　　　规 划 设 计 水 位

工　　况		水位/m		流量/(m³/s)	备注
		上游	下游		
稳定计算	完建期	−2.5	−2.5		
	正向设计	2	−1.32		
	正向校核	2	−1.4		
	反向设计	1.8	5.42		
	反向校核	1.8	5.83		
排涝		1.82	1.62	240	
引水		2	1.8	117	闸门控制

4.1.2.2 工程地质

营船港闸闸基以下主要土层的主要物理力学特性如下。

第1层：素填土，底部高程−2.89m左右，标准贯入击数为3.90击，凝聚力为3kPa，内摩擦角为28.40°，地基承载力标准值为60kPa。

第2层：极细砂，底部高程－10.94m左右，标准贯入击数为17.90击，凝聚力为3kPa，内摩擦角为34.30°，地基承载力标准值为160kPa。

第3层：极细砂、轻砂壤土夹中粉质壤土，底部高程－17.86m左右，标准贯入击数为13.90击，凝聚力为4kPa，内摩擦角为32.60°，地基承载力标准值为145kPa。

4.1.2.3 抗震设计烈度

工程区地震基本烈度为Ⅵ度，按基本烈度Ⅵ度抗震设防。

4.1.3 主要工程量

本工程主要工程量：土方开挖1.39万 m³；土方回填2.67万 m³；石方工程1.99万 m³；混凝土2329.71m³，钢闸门105t。

4.1.4 设计要求与设计特点

4.1.4.1 主要结构设计及特点

营船港闸采用三孔一联的整块底板，不设岸墙，利用边墩直接挡土。闸室共3孔，每孔净宽8m，总净宽24m，闸室顺水流向长度15m，新建闸两边为通航孔，通航时船只采用上、下行，闸室为开敞式结构，以便通航，正常情况下通航净空为4.50m以上，满足通航标准要求。中孔为节制孔。利用闸门直接挡水，门顶高程为6.30m，闸底板顶面高程为－2.50m，底板厚1.20m，中墩厚1.10m，两边墩厚从0.90m加厚至1.50m。闸身基础采用天然地基作为持力层，底板四周及下游第一节、第二节翼墙采用厚22cm的钢筋混凝土预制冲沉板桩围封，形成防渗系统。闸门采用升卧门，面板布置在上游，闸门为平面定轮实腹式钢闸门，门叶高8.80m，宽7.96m，厚0.90m。启闭机选用QSWY－2×160kN型液压式启闭机，3台共用一套油压系统。上游翼墙采用半径为10m的圆弧翼墙布置，结构型式为浆砌石重力式。下游翼墙采用八字形与圆弧形翼墙相结合，结构型式为第一节、第二节翼墙为钢筋混凝土扶壁墙，第三节为浆砌石重力式挡土墙。振兴公路桥位于营船港闸的上游侧，闸室结构与桥墩、桥面等结构分开，自成体系。振兴公路桥分为五跨，总长约45.50m，桥宽为22m(行车道)＋2×2m(隔离带)＋2×4m(慢车道)＋2×3m(人行道)，共40m宽。桥台基础采用灌注桩基础。

4.1.4.2 防渗系统设计

营船港闸基土为极细砂，层厚在10m以上，为确保闸身安全，确定在闸底板和上游第一节、下游第一节、下游第二节翼墙底板下采用板桩围封，以满足闸的防渗和防地震液化的要求。设计中采用钢筋混凝土板桩形式，对施工方法进行了比较，采用预制打入式。因为一般单根板桩宽在 50cm 左右，板桩接缝较多，渗透较严重，降低了防渗效果，且在砂性地基上打桩施工困难，施工周期长；采用成槽现浇板柱，砂性地基成槽易塌孔，板桩的施工质量难以保证；采用震冲现浇板桩缺少施工经验，难以控制其施工质量。预制冲沉板桩是钢筋混凝土板桩施工另一种方法，它具有接头少、防渗效果好、施工工期短、价格便宜等特点，主要适用于粉、砂性地基。

4.1.4.3　金属结构设计

营船港闸位于南通市开发区境内，考虑到闸桥结合的整体效果，通航孔和节制孔均采用升卧门，为缩短闸门启闭时间，增强平潮时通航能力和闸门开启可靠程度，选用了 QSWY-2×160kN 型液压式启闭机，3 台共用一套油压系统。

4.1.4.4　公路桥灌注桩施工问题处理

公路桥灌注桩在钻孔施工过程中，发现地层质土壤中含有大量气体，高程为 -23.00～-25.00m。经分析讨论商定，在闸塘周围打井减压、排气；同时根据现有布置的灌注桩直径、数量，对灌注桩承载力的进一步复核，两侧主桥台的灌注桩缩短 4m。在成孔过程中，根据规范要求，不同土层采用不同泥浆比重护壁，适当在泥浆中加一些添加剂，确保了灌注桩的施工质量。

4.2　项目划分和工程量计算

4.2.1　项目划分

结合营船港闸纵剖图、平面布置图、上下游立视图等图纸。将其分为上游工程、闸室工程、下游工程。详情见表 4.2.1。

表 4.2.1　营船港闸建筑工程项目划分

编号	工程或费用名称	单位	数量	单价/元	合价/万元
壹	建筑工程				
一	上游工程				
	土方开挖	m^3			
	土方回填	m^3			
（一）	上游引渠段				
1	左岸 M10 浆砌块石护坡	m^3			
2	左岸护坡碎石垫层（100mm）	m^3			
3	左岸护坡黄砂垫层（100mm）	m^3			

续表

编号	工程或费用名称	单位	数量	单价/元	合价/万元
4	M10 浆砌块石护底	m³			
5	护底碎石垫层（100mm）	m³			
6	护底黄砂垫层（100mm）	m³			
7	右岸 M10 浆砌块石护坡	m³			
8	右岸护坡碎石垫层（100mm）	m³			
9	右岸护坡黄砂垫层（100mm）	m³			
（二）	铺盖段				
1	左岸 M10 浆砌块石护坡	m³			
2	左岸护坡碎石垫层（100mm）	m³			
3	左岸护坡黄砂垫层（100mm）	m³			
4	右岸 M10 浆砌块石护坡	m³			
5	右岸护坡碎石垫层（100mm）	m³			
6	右岸护坡黄砂垫层（100mm）	m³			
7	M10 浆砌块石铺盖	m³			
8	铺盖碎石垫层	m³			
9	铺盖黄砂垫层	m³			
10	左岸 C25 混凝土翼墙	m³			
11	右岸 C25 混凝土翼墙	m³			
（三）	上游消力池				
1	M10 浆砌石消力池	m³			
2	反滤层	m³			
二	闸室工程				
	土方开挖	m³			
	土方回填	m³			
（一）	下部结构				
1	混凝土灌注桩	根			
2	C25 混凝土闸底板	m³			
3	C25 混凝土边墩（2个）	m³			
4	C25 混凝土中墩（2个）	m³			
（二）	上部结构				
1	C25 启闭机房底板	m³			
2	胸墙（3个）	m³			

续表

编号	工程或费用名称	单位	数量	单价/元	合价/万元
三	下游工程				
	土方开挖	m³			
	土方回填	m³			
（一）	消力池段				
1	M10 浆砌石消力池	m³			
2	反滤层	m³			
3	左岸第一节八字斜墙	m³			
4	左岸第二节 C20 圆弧翼墙	m³			
5	左岸第二节浆砌块石挡土墙	m³			
6	左岸第三节浆砌块石挡土墙	m³			
7	右岸第一节八字斜墙	m³			
8	右岸第二节圆弧翼墙	m³			
9	右岸第二节浆砌块石挡土墙	m³			
10	右岸第三节浆砌块石挡土墙	m³			
（二）	海漫段				
1	左岸 M10 浆砌块石护坡	m³			
2	左岸碎石垫层（100mm）	m³			
3	左岸黄砂垫层（100mm）	m³			
4	右岸 M10 浆砌块石护坡	m³			
5	右岸碎石垫层（100mm）	m³			
6	右岸黄砂垫层（100mm）	m³			
7	M10 浆砌块石护底	m³			
8	护底碎石垫层	m³			
9	护底黄砂垫层	m³			
（三）	下游引渠段				
1	左岸干砌石护坡	m³			
2	左岸护坡碎石垫层（100mm）	m³			
3	左岸护坡黄砂垫层（100mm）	m³			
4	引渠段浆砌块石护底	m³			
5	引渠段碎石垫层（100mm）	m³			
6	引渠段黄砂垫层（100mm）	m³			
7	引渠段右岸干砌石护坡	m³			
8	右岸护坡碎石垫层（100mm）	m³			
9	右岸护坡黄砂垫层（100mm）	m³			

4.2.2 工程量计算

营船港闸的整体三维模型如图 4.2.1 所示。从右往左依次为上游工程、闸室工程、下游工程。

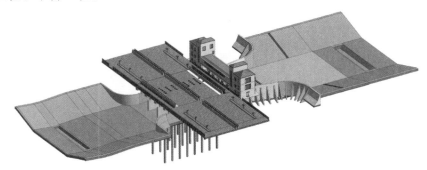

图 4.2.1 营船港闸整体三维模型图

1. 上游工程

上游连接段结构见图 4.2.2。

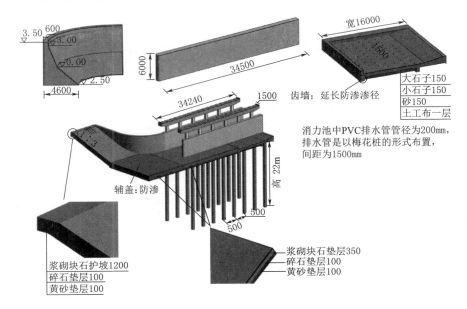

图 4.2.2 上游连接段结构图

上游土方开挖横断面（图 4.2.3）面积：58.995m²。

上游土方开挖体积：58.995×（27.37+16）×2=5117.226（m³）。

上游土方回填段 1 平面（图 4.2.4）面积：424.25m²。

图 4.2.3 上游土方开挖横断面
（单位：cm）

上游土方回填段 1 体积：424.25×（3.2＋3.7）×2＝5854.65（m³）。

上游土方回填段 2 横断面（图 4.2.5）面积：58.995m²。

上游土方回填段 2 体积：58.995×32×2＝3775.68（m³）。

因此，上游土方回填体积：5854.65＋3775.68＝9630.33（m³）。

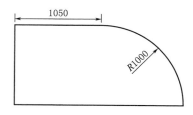

图 4.2.4 上游土方回填段 1
平面（单位：cm）

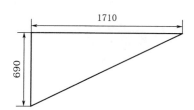

图 4.2.5 上游土方回填段 2
横断面（单位：cm）

（1）上游引渠段。

左岸 M10 浆砌块石护坡（图 4.2.6）体积：926.79m³。

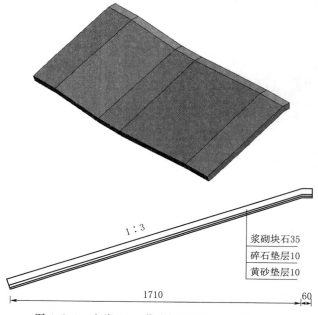

图 4.2.6 左岸 M10 浆砌块石护坡（单位：cm）

同理，右岸 M10 浆砌块石护坡体积：926.79m³。

左岸护坡碎石垫层（图 4.2.7）体积：264.80m³。

左岸护坡黄砂垫层（图 4.2.8）体积：264.80m³。

图 4.2.7　左岸护坡碎石垫层　　　　图 4.2.8　左岸护坡黄砂垫层

护底 1（图 4.2.9）体积：600.602m³。

护底碎石垫层 1 体积：600.602÷35×10＝171.601（m³）。

护底黄砂垫层 1 体积：600.602÷35×10＝171.601（m³）。

护底 2（图 4.2.10）体积：801.074m³。

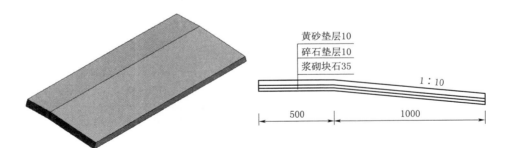

图 4.2.9　护底 1（单位：cm）

碎石垫层 2 体积：801.074÷35×10＝228.878（m³）。

黄砂垫层 2 体积：801.074÷35×10＝228.878（m³）。

浆砌块石护底体积：600.602＋801.074＝1401.68（m³）。

护底碎石垫层体积：171.601＋228.878＝400.48（m³）。

护底黄砂垫层体积：171.601＋228.878＝400.48（m³）。

（2）铺盖段。

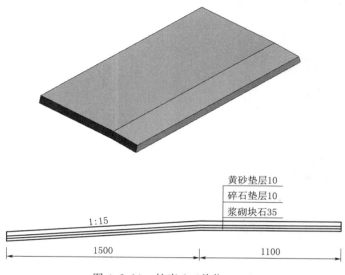

黄砂垫层10
碎石垫层10
浆砌块石35

1:15

1500　　　1100

图 4.2.10　护底 2（单位：cm）

左岸 M10 浆砌块石护坡 1（图 4.2.11）体积：138.73m³。

右岸 M10 浆砌块石护坡 1 体积：138.73m³。

左岸 M10 浆砌块石护坡 2（图 4.2.12）体积：240.59m³。

图 4.2.11　左岸 M10 浆砌块石护坡 1　　　图 4.2.12　左岸 M10 浆砌块石护坡 2

右岸 M10 浆砌块石护坡 2 体积：240.59m³。

左岸 M10 浆砌块石护坡体积：138.73＋240.59＝379.32（m³）。

右岸 M10 浆砌块石护坡体积：138.73＋240.59＝379.32（m³）。

左岸护坡 1 碎石垫层（图 4.2.13）体积：138.73÷35×10＝39.637（m³）。

右岸护坡 1 碎石垫层体积：138.73÷35×10＝39.637（m³）。

左岸护坡 1 黄砂垫层（图 4.2.14）体积：138.73÷35×10＝39.637（m³）。

图 4.2.13 左岸护坡 1 碎石垫层　　　图 4.2.14 左岸护坡 1 黄砂垫层

　　右岸护坡 1 黄砂垫层体积：$138.73 \div 35 \times 10 = 39.637$（m³）。

　　上游左岸铺盖段护坡 2 碎石垫层（图 4.2.15）体积：$240.59 \div 35 \times 10 = 68.74$（m³）。

　　上游右岸铺盖段护坡 2 碎石垫层体积：$240.59 \div 35 \times 10 = 68.74$（m³）。

　　上游左岸铺盖段护坡 2 黄砂垫层（图 4.2.16）体积：68.74（m³）。

　　上游右岸铺盖段护坡 2 黄砂垫层体积：68.74（m³）。

　　左岸护坡碎石垫层体积：$39.637 + 68.74 = 108.38$（m³）。

　　右岸护坡碎石垫层体积：$39.637 + 68.74 = 108.38$（m³）。

　　左岸护坡黄砂垫层体积：$39.637 + 68.74 = 108.38$（m³）。

图 4.2.15 上游左岸铺盖段　　　　图 4.2.16 上游左岸铺盖段
护坡 2 碎石垫层　　　　　　　护坡 2 黄砂垫层

　　右岸护坡黄砂垫层体积：$39.637 + 68.74 = 108.38$（m³）。

　　M10 浆砌块石护底 1（图 4.2.17）体积：837.626m³。

M10 浆砌块石护底 2（图 4.2.18）体积：825.094m³。

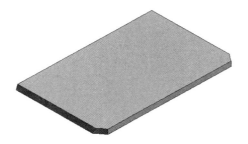

图 4.2.17　M10 浆砌块石护底 1　　　　图 4.2.18　M10 浆砌块石护底 2

浆砌块石护底体积：837.626＋825.094＝1662.72（m³）。

碎石垫层 1（图 4.2.19）体积：239.322m³。

碎石垫层 2（图 4.2.20）体积：235.741m³。

图 4.2.19　碎石垫层 1　　　　　　　图 4.2.20　碎石垫层 2

碎石垫层体积：239.322＋235.741＝475.06（m³）。

黄砂垫层 1（图 4.2.21）体积：239.322m³。

黄砂垫层 2（图 4.2.22）体积：235.741m³。

图 4.2.21　黄砂垫层 1　　　　　　　图 4.2.22　黄砂垫层 2

黄砂垫层体积：239.322＋235.741＝475.06（m³）。

左岸浆砌石重力式翼墙 1（图 4.2.23）体积：172.935m³。

右岸浆砌石重力式翼墙1体积：172.935m³。

左岸浆砌石重力式翼墙2（图4.2.24）体积：57.247m³。

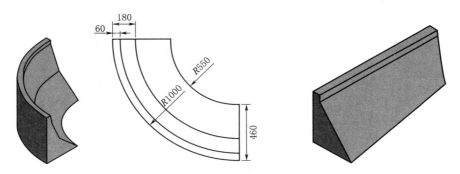

图4.2.23　左岸浆砌石重力式翼墙1（单位：cm）　图4.2.24　左岸浆砌石重力式翼墙2

右岸浆砌石重力式翼墙2体积：57.247m³。

左岸浆砌石重力式翼墙体积：172.935+57.247=230.18（m³）。

右岸浆砌石重力式翼墙体积：172.935+57.247=230.18（m³）。

（3）上游消力池。

M10浆砌石消力池（图4.2.25）体积：395.95m³。

反滤层（图4.2.26）体积：123.11m³。

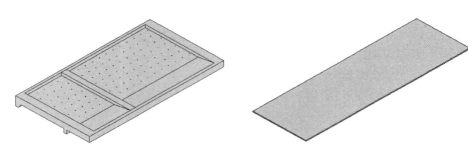

图4.2.25　M10浆砌石消力池　　　　　图4.2.26　反滤层

2. 闸室工程

闸室段结构图见图4.2.27。

闸室土方回填横断面（图4.2.28）面积：58.995m²。

闸室土方回填体积：58.995×15×2=1769.85（m³）。

（1）下部结构。

混凝土灌注桩（图4.2.29）（24根）体积：19.907×24=477.77（m³）。

C25混凝土闸底板（图4.2.30）体积：557.83m³。

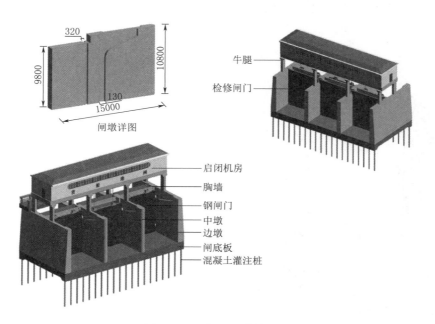

图 4.2.27　闸室段结构图

C25 混凝土边墩（图 4.2.31）（2 个）体积：$164.123 \times 2 = 328.25$（m³）。

C25 混凝土中墩（图 4.2.32）体积：$136.915 \times 2 = 273.83$（m³）。

（2）上部结构。

C25 启闭机房底板（图 4.2.33）体积：142.37m³。

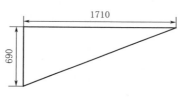

图 4.2.28　闸室土方回填横断面
（单位：cm）

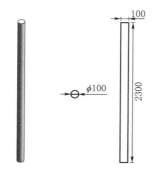

图 4.2.29　混凝土灌注桩（单位：cm）

图 4.2.30　C25 混凝土闸底板

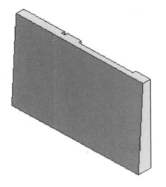 

图4.2.31　C25混凝土边墩　　　图4.2.32　C25混凝土中墩

胸墙（图4.2.34）体积：$1.212 \times 3 = 3.64$（m^3）。

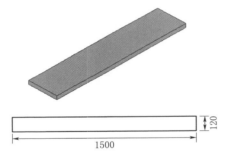 

图4.2.33　C25启闭机房底板（单位：cm）　　　图4.2.34　胸墙（单位：cm）

3. 下游工程

下游连接段结构图见图4.2.35。

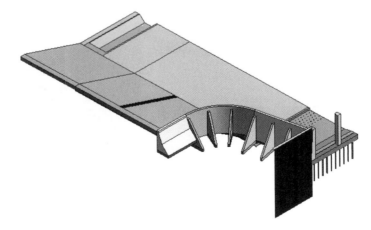

图4.2.35　下游连接段结构图

连接段土方开挖横断面（图 4.2.36）面积：163.375m²。

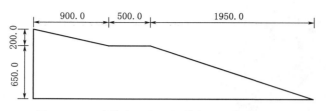

图 4.2.36　连接段土方开挖横断面（单位：cm）

体积：163.375×27×2＝8822.25（m³）。

下游连接段土方回填平面（图 4.2.37）面积 900m²。

体积：900×(6＋2.5)×2＝15300（m³）。

（1）消力池段。

M10 浆砌石消力池（图 4.2.38）体积：367.62m³。

反滤层（图 4.2.39）体积：60.43m³。

左岸第一节八字斜墙（图 4.2.40）体积：89.56m³。

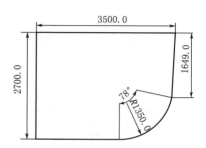

图 4.2.37　下游连接段土方回填平面（单位：cm）

右岸第一节八字斜墙体积：89.56m³。

左岸第二节圆弧翼墙（图 4.2.41）体积：95.81m³。

右岸第二节圆弧翼墙体积：95.81m³。

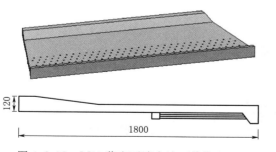

图 4.2.38　M10 浆砌石消力池（单位：cm）

图 4.2.39　反滤层

左岸第二节钢筋混凝土挡土墙（图 4.2.42）（7 面）体积：12.54×7＝87.78（m³）。

右岸第二节钢筋混凝土挡土墙（7 面）体积：12.54×7＝87.78（m³）。

左岸第三节浆砌石重力式挡土墙（图 4.2.43）体积：112.75m³。

图 4.2.40 左岸第一节八字斜墙

图 4.2.41 左岸第二节圆弧翼墙

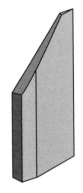

图 4.2.42 左岸第二节钢筋
混凝土挡土墙

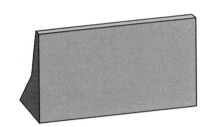

图 4.2.43 左岸第三节浆砌石
重力式挡土墙

右岸第三节浆砌石重力式挡土墙体积：112.75m³。

（2）海漫段（图 4.2.44）。

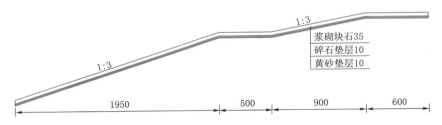

图 4.2.44 左岸海漫段护坡（单位：cm）

左岸 M10 浆砌块石护坡（图 4.2.45）体积：840.66m³。

右岸 M10 浆砌块石护坡体积：840.66m³。

左岸护坡黄砂垫层（图 4.2.46）体积：240.19m³。

右岸护坡黄砂垫层体积：240.19m³。

左岸护坡碎石垫层（图 4.2.47）体积：240.19m³。

图 4.2.45　左岸 M10 浆砌块石护坡　　　　图 4.2.46　左岸护坡黄砂垫层

右岸护坡碎石垫层体积：240.19m³。

M10 浆砌块石护底（图 4.2.48）体积：1770.89m³。

　　　　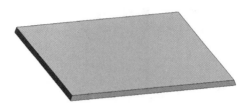

图 4.2.47　左岸护坡碎石垫层　　　　图 4.2.48　M10 浆砌块石护底

护底碎石垫层（图 4.2.49）体积：505.96m³。

护底黄砂垫层（图 4.2.50）体积：505.96m³。

图 4.2.49　护底碎石垫层　　　　图 4.2.50　护底黄砂垫层

（3）下游引渠段（图 4.2.51）。

左岸干砌块石护坡（图 4.2.52）体积：791.732m³。

右岸干砌块石护坡体积：791.732m³。

左岸护坡碎石垫层体积：791.732÷35×10＝226.21（m³）。

右岸护坡碎石垫层体积：791.732÷35×10＝226.21（m³）。

左岸护坡黄砂垫层体积：791.732÷35×10＝226.21（m³）。

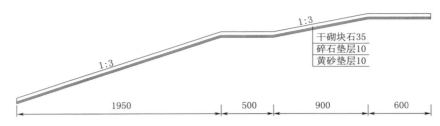

图 4.2.51 左岸下游引渠段护坡（单位：cm）

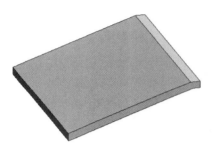

图 4.2.52 左岸干砌块石护坡

右岸护坡黄砂垫层体积：$791.732 \div 35 \times 10 = 226.21$（$m^3$）。

浆砌块石护底 1 （图 4.2.53 ）体积：$470.4m^3$。

护底 1 碎石垫层体积：$134.4m^3$。

护底 1 黄砂垫层体积：$134.4m^3$。

浆砌块石护底 2 （图 4.2.54 ）体积：$470.4m^3$。

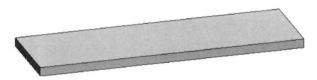

图 4.2.53 浆砌块石护底 1

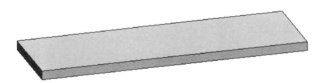

图 4.2.54 浆砌块石护底 2

护底 2 碎石垫层体积：$134.4m^3$。

护底 2 黄砂垫层体积：$134.4m^3$。

浆砌块石护底体积：$470.4 + 470.4 = 940.8$（m^3）。

护底碎石垫层体积：$134.4 + 134.4 = 268.8$（m^3）。

护底黄砂垫层体积：$134.4 + 134.4 = 268.8$（m^3）。

4.3　编制原则及依据

4.3.1　编制原则

（1）严格执行国家的法令、法规和有关制度，以提高工程的经济效益和社会效益。

（2）深入调查，实事求是，充分收集掌握第一手资料，正确选用定额、标准和价格。

4.3.2　编制依据

（1）材料信息价按通州市2019年第2季度的价格水平编制；

（2）《水利工程设计概估算编制规定》（水总〔2014〕429号）；

（3）《水利水电工程设计工程量计算规定》（SL 328—2005）；

（4）《水利建筑工程概算定额》（上、下册）（2002年版）；

（5）《水利水电设备安装工程概算定额》（2002年版）；

（6）《水利工程施工机械台时费定额》（2002年版）；

（7）《水利工程营业税改征增值税计价依据调整办法》（办水总〔2016〕132号）；

（8）《水利部办公厅关于调整水利工程计价依据增值税计算标准的通知》（办财务函〔2019〕448号）

（9）设计概算编制的有关文件和标准。

4.4　基础单价

4.4.1　人工预算单价

按《水利工程设计概估算编制规定》（水总〔2014〕429号）规定，本工程为引水工程。人工单价如下：

工长：9.27元/工时　　　　　高级工：8.57元/工时

中级工：6.62元/工时　　　　初级工：4.64元/工时

4.4.2　材料预算价格

（1）主要材料价格。主要材料原价依据通州市2019年第2季度的价格水平，结合市场调查，综合考虑。主要材料预算价格如下：

水泥（32.5）：310.83元/t　　　碎石：148.91元/m³

块石：148.91 元/m³　　　　　粗砂：174.60 元/m³

汽油：8.06 元/kg　　　　　　柴油：7.54 元/kg

其中水泥、汽油、柴油、砂石料分别按基价 255 元/t、3075 元/t、2990 元/t、70 元/m³ 计入工程单价参加取费，预算价格与基价的差额以材料补差形式进行计算，材料补差列入单价表中并计取税金。

（2）次要材料价格。参照通州市 2019 年第 2 季度的价格水平，并结合已完成工程实际价格有关资料分析取定。

4.4.3　混凝土、砂浆单价

混凝土、砂浆配合比及各项材料用量，参照《水利建筑工程预算定额》（2002 年版）附录 7 混凝土、砂浆配合比及材料用量表计算。

4.4.4　施工机械台时费

按《水利工程施工机械台时费定额》（2002 年版）计算。施工机械使用费按调整后的施工机械台时费定额和不含增值税进项税额的基础价格计算。施工机械台时费定额的折旧费除以 1.13 调整系数，修理及替换设备费除以 1.09 调整系数，安装拆卸费不变。

4.4.5　电、风、水价格

（1）施工用电：采用 80％外购电，20％自发电供电，经计算综合电价为 0.91 元/(kW·h)。

1）外购电。

外购电价＝基本电价/(1－高压损耗率)/(1－低压损耗率)＋维修摊销费

式中：基本电价采用 0.5 元/(kW·h)；高压损耗率取值范围为 3％～5％，取 4％；低压损耗率为 6％～7％，取 6％；维修摊销费为 0.04～0.05 元/(kW·h)，取 0.04 元/(kW·h)。

2）自发电。柴油发电机供电采用水泵冷却，2 台 400kW 固定式柴油发电机，2 台 22kW 单级离心水泵。

自发电价＝(柴油发电机组(台)时总费用＋水泵组(台)时总费用)

/(发电机总功率×发电机出力系数 K)

/(1－厂用电率)/(1－低压损耗率)＋维修摊销费

式中：发电机出力系数 K，一般取 0.8～0.85，这里取 0.8；厂用电率 3％～5％，取 5％；低压损耗率 4％～7％，取 6％；维修摊销费 0.04～0.05 元/(kW·h)，取 0.04 元/(kW·h)。

3）外购电占 80％，自发电占 20％，则

综合电价＝外购电价×80％＋自发电价×20％

（2）施工用风。选用 4 台 9m³/min 的移动式空压机，1 台 22kW 单级离心水泵，空压机用自设水泵供冷却水。经计算风价为 0.16 元/m³。

风价＝（空气压缩机组（台）时总费用＋水泵组（台）时总费用）

/（空压机额定出风量之和×60×能量系数 K）/（1－供风损耗率）

＋维修摊销费

式中：能量系数 K 为 0.7～0.85，取 0.85；供风损耗率 6％～10％，取 10％；维修摊销费 0.004～0.005 元/m³，取 0.004 元/m³。

（3）施工用水。选用 22kW 单级离心水泵 1 台，水泵额定容量为 28m³/h。经计算水价为 1.72 元/m³。

施工用水价格＝水泵组（台）时总费用/（水泵额定容量之和×K）

/（1－供水损耗率）＋供水设施维修摊销费

式中：K 为发电机出力系数，一般取 0.8～0.85，这里取 0.85；供水损耗率 6％～10％，取 10％；供水设施维修摊销费 0.04～0.05 元/m³，取 0.04 元/m³。

4.5　取费标准

建筑及安装工程费由直接费、间接费、利润、材料补差、税金组成。

4.5.1　直接费

包括基本直接费和其他直接费。基本直接费包括人工费、材料费和机械使用费；其他直接费包括冬雨季施工增加费、夜间施工增加费等、临时设施费、安全生产措施费及其他，按基本直接费的百分率计，建筑工程取 4.6％，安装工程取 6.5％。

4.5.2　间接费

间接费采用引水工程费率标准，见表 4.5.1。

表 4.5.1　间　接　费　费　率　表

序号	工程类别	计算基础	间接费费率/%		
			枢纽工程	引水工程	河道工程
一	建筑工程				
1	土方工程	直接费	8.5	5～6	4～5
2	石方工程	直接费	12.5	10.5～11.5	8.5～9.5

续表

序号	工程类别	计算基础	间接费费率/%		
			枢纽工程	引水工程	河道工程
3	砂石备料工程（自采）	直接费	5	5	5
4	模板工程	直接费	9.5	7～8.5	6～7
5	混凝土浇筑工程	直接费	9.5	8.5～9.5	7～8.5
6	钢筋制安工程	直接费	5.5	5	5
7	钻孔灌浆工程	直接费	10.5	9.5～10.5	9.25
8	锚固工程	直接费	10.5	9.5～10.5	9.25
9	疏浚工程	直接费	7.25	7.25	6.25～7.25
10	掘进机施工隧洞工程 1	直接费	4	4	4
11	掘进机施工隧洞工程 2	直接费	6.25	6.25	6.25
12	其他工程	直接费	10.5	8.5～9.5	7.25
二	机电、金属结构设备安装工程	人工费	75	70	70

注 1. 引水工程：一般取下限标准，隧洞、渡槽等大型建筑物较多的引水工程、施工条件复杂的引水工程取上限标准。
2. 河道工程：灌溉田间工程取下限，其他工程取上限。

4.5.3 企业利润

企业利润按直接工程费和间接费之和的 7% 计列。

4.5.4 税金

指应计入建筑安装工程费用内的增值税销项税额，税率为 9%，按直接费、间接费、利润、材料补差之和计列。

4.6 分部工程概算编制

4.6.1 建筑工程

主体建筑工程，按工程量乘单价编列。

4.6.2 机电设备及安装工程

机电设备及安装工程概算按照工程量乘以设备、安装单价计算，设备费根据厂家询价，设备安装单价按照设备费的 15% 计算。

4.6.3　金属结构设备及安装工程

金属结构设备及安装工程编制方法同机电设备及安装工程。

4.6.4　施工临时工程

（1）导流工程。包括施工围堰填筑及拆除、导流明渠等内容，预算编制同永久建筑工程，按照设计提供工程量乘工程单价计算。

（2）施工房屋建筑工程。

1）施工仓库：按建筑面积及单位面积造价指标计算（300 元/m²）；

2）办公、生活及文化福利建筑：按以上建安工程量的 1.5% 计列。

（3）其他临时工程：按一～四部分建安工程量（不包括其他施工临时工程）之和的 2.5% 计算。

4.7　独立费用

4.7.1　建设管理费

按工程一～四部分建安工作量的 4.2% 计算。

4.7.2　工程建设监理费

本工程建设监理费用按合同价计列，取 2 万元。

4.7.3　科研勘测设计费

引水工工程科学研究试验费按一～四部分建安工作量的 0.7% 计算，工程勘测设计费用按合同价计列，取 15 万元。

4.8　基本预备费

本工程基本预备费用按工程一～五部分投资合计的 5% 计算。

4.9　工程总概算

本工程总投资 1218.14 万元，其中：建筑工程 801.86 万元，机电设备及安装工程 107.75 万元，金属结构设备及安装工程 136.28 万元，施工临时工程

42.84万元，独立费用71.40万元，基本预备费58.01万元。

通州市永兴镇营船港闸工程概算见附表4.1～附表4.36。

附表4.1　　　　　　　　　　工 程 概 算 总 表　　　　　　　　单位：万元

序号	工程或费用名称	建安工程费	设备购置费	独立费用	合计
I	工程部分投资				1218.14
壹	建筑工程	801.86			801.86
贰	机电设备及安装工程	36.65	71.10		107.75
叁	金属结构设备及安装工程	17.78	118.50		136.28
肆	施工临时工程	42.84			42.84
伍	独立费用			71.4	71.4
	一～五部分投资合计				1160.13
	基本预备费				58.01
	静态投资				1218.14
II	建设征地移民补偿投资				
III	环境保护工程投资静态投资				
IV	水土保持工程投资静态投资				
V	工程投资总计（I～IV合计）				1218.14
	静态总投资				1218.14
	价差预备费				
	建设期融资利息				
VI	总投资				1218.14

附表4.2　　　　　　　　　　工 程 部 分 总 概 算 表　　　　　　　单位：万元

序号	工程或费用名称	建安工程费	设备购置费	独立费用	合计	占一～五部分投资比例/%
壹	建筑工程	801.86			801.86	69.12
贰	机电设备及安装工程	36.65	71.10		107.75	9.29
叁	金属结构设备及安装工程	17.78	118.50		136.28	11.75
肆	施工临时工程	42.84			42.84	3.69
伍	独立费用			71.40	71.40	6.15
	一～五部分投资合计				1026.67	100.00
	基本预备费				58.01	
	静态投资				1218.14	

附表 4.3 建 筑 工 程 概 算 表

序号	工程或费用名称	单位	数量	定额编号	单价/元	合价/万元
壹	建筑工程					801.86
一	上游工程					
	土方开挖	m³	5117.226	10616	13.55	6.93
	土方回填	m³	9630.330	30075	4.96	4.78
（一）	上游引渠段					
1	左岸 M10 浆砌块石护坡	m³	926.787	30029	398.56	36.94
2	左岸护坡碎石垫层（100mm）	m³	264.796	30001	215.58	5.71
3	左岸护坡黄砂垫层（100mm）	m³	264.796	30001	215.58	5.71
4	M10 浆砌块石护底	m³	1401.676	30029	398.56	55.87
5	护底碎石垫层（100mm）	m³	400.479	30001	215.58	8.63
6	护底黄砂垫层（100mm）	m³	400.479	30001	215.58	8.63
7	右岸 M10 浆砌块石护坡	m³	926.787	30029	398.56	36.94
8	右岸护坡碎石垫层（100mm）	m³	264.796	30001	215.58	5.71
9	右岸护坡黄砂垫层（100mm）	m³	264.796	30001	215.58	5.71
（二）	铺盖段					
1	左岸 M10 浆砌块石护坡	m³	379.320	30029	398.56	15.12
2	左岸护坡碎石垫层（100mm）	m³	108.377	30001	215.58	2.34
3	左岸护坡黄砂垫层（100mm）	m³	108.377	30001	215.58	2.34
4	右岸 M10 浆砌块石护坡	m³	379.320	30029	398.56	15.12
5	右岸护坡碎石垫层（100mm）	m³	108.377	30001	215.58	2.34
6	右岸护坡黄砂垫层（100mm）	m³	108.377	30001	215.58	2.34
7	M10 浆砌块石铺盖	m³	1662.720	30031	390.68	64.96
8	铺盖碎石垫层	m³	475.063	30001	215.58	10.24
9	铺盖黄砂垫层	m³	475.063	30001	215.58	10.24
10	左岸浆砌石重力式翼墙	m³	230.182	40070	478.14	11.01
11	右岸浆砌石重力式翼墙	m³	230.182	40070	478.14	11.01
（三）	上游消力池					
1	M10 浆砌石消力池	m³	395.953	30029	398.56	15.78
2	反滤层	m³	123.105	30002	221.29	2.72

续表

序号	工程或费用名称	单位	数量	定额编号	单价/元	合价/万元
二	闸室工程					
	土方开挖	m³				
	土方回填	m³	1769.850	30075	4.96	0.88
（一）	下部结构					
1	混凝土灌注桩	m³	477.770	70289	306.63	14.65
2	C25混凝土闸底板	m³	557.825	40057	581.45	32.43
3	C25混凝土边墩（2个）	m³	328.246	40066	458.29	15.04
4	C25混凝土中墩（2个）	m³	273.830	40066	458.29	12.55
（二）	上部结构					
1	C25启闭机房底板	m³	142.372	40096	483.02	6.88
2	胸墙（3个）	m³	3.363	40067	523.73	0.18
三	下游工程					
	土方开挖	m³	8822.250	10616	13.55	11.95
	土方回填	m³	15300.000	30075	4.96	7.59
（一）	消力池段					
1	M10浆砌石消力池	m³	367.618	30029	398.56	14.65
2	反滤层	m³	60.432	30002	221.29	1.34
3	左岸第一节钢筋混凝土八字斜墙	m³	89.561	40069	718.14	6.43
4	左岸第二节钢筋混凝土圆弧翼墙	m³	95.813	40069	718.14	6.88
5	左岸第二节钢筋混凝土挡土墙（7面）	m³	87.780	40069	718.14	6.30
6	左岸第三节浆砌石重力式挡土墙	m³	112.750	30033	392.70	4.43
7	右岸第一节钢筋混凝土八字斜墙	m³	89.561	40069	718.14	6.43
8	右岸第二节钢筋混凝土圆弧翼墙	m³	95.813	40069	718.14	6.88
9	左岸第二节钢筋混凝土挡土墙（7面）	m³	87.780	40069	718.14	6.30
10	右岸第三节浆砌石重力式挡土墙	m³	112.750	30033	392.70	4.43
（二）	海漫段					
1	左岸M10浆砌块石护坡	m³	840.662	30029	398.56	33.51
2	左岸碎石垫层（100mm）	m³	240.189	30001	215.58	5.18
3	左岸黄砂垫层（100mm）	m³	240.189	30001	215.58	5.18
4	右岸M10浆砌块石护坡	m³	840.662	30029	398.56	33.51

续表

序号	工程或费用名称	单位	数量	定额编号	单价/元	合价/万元
5	右岸碎石垫层（100mm）	m³	240.189	30001	215.58	5.18
6	右岸黄砂垫层（100mm）	m³	240.189	30001	215.58	5.18
7	M10浆砌块石护底	m³	1770.889	30029	398.56	70.58
8	护底碎石垫层	m³	505.968	30001	215.58	10.91
9	护底黄砂垫层	m³	505.968	30001	215.58	10.91
（三）	下游引渠段					
1	左岸干砌石护坡	m³	791.732	30017	251.23	19.89
2	左岸护坡碎石垫层（100mm）	m³	226.209	30001	215.58	4.88
3	左岸护坡黄砂垫层（100mm）	m³	226.209	30001	215.58	4.88
4	引渠段浆砌块石护底	m³	940.800	30029	398.56	37.50
5	引渠段碎石垫层（100mm）	m³	268.800	30001	215.58	5.79
6	引渠段黄砂垫层（100mm）	m³	268.800	30001	215.58	5.79
7	引渠段右岸干砌石护坡	m³	791.732	30017	251.23	19.89
8	右岸护坡碎石垫层（100mm）	m³	226.209	30001	215.58	4.88
9	右岸护坡黄砂垫层（100mm）	m³	226.209	30001	215.58	4.88

附表 4.4　　　　　　金属结构设备及安装工程概算表

序号	名称及规格	单位	数量	单价/元		合计/万元	
				设备费	安装费	设备费	安装费
叁	金属结构设备及安装工程					118.50	17.78
1	闸门	扇	3.00	350000.00	52500.00	105.00	15.75
2	启闭机	台	3.00	45000.00	6750.00	13.50	2.03

附表 4.5　　　　　　　　施工临时工程概算表

序号	工程或费用名称	单位	工程量	单价/元	合计/万元
肆	施工临时工程				42.84
一	导流工程				4.35
1	袋装土石围堰填筑	m³	271.00	121.25	3.29
2	导流明渠	m	100.00	80.00	0.80
3	袋装土石围堰拆除	m³	271.00	9.57	0.26
二	施工交通工程				1.50
1	临时道路	km	3.00	5000.00	1.50
三	施工场外供电工程				
四	施工房屋建筑工程				15.06
1	施工仓库	m²	70.00	300.00	2.10
2	办公、生活及文化福利建筑	%	1.50	864.24	12.96
五	其他施工临时工程				21.93
1	其他施工临时工程	%	2.50	877.20	21.93

附表 4.6　　　　　　　　独 立 费 用 概 算 表

序号	工程或费用名称	单位	数量/费率	单价/元	合计/万元
伍	独立费用合计				71.40
一	建设管理费	%	4.20	897.34	36.69
二	工程建设监理费				2.00
三	联合试运转费				
四	生产准备费				5.53
1	生产及管理单位提前进厂费	%	0.15	897.34	1.35
2	生产职工培训费	%	0.35	897.34	3.14
3	管理用具购置费	%	0.03	897.34	0.27
4	备品备件购置费	%	0.50		0.59
5	工器具及生产家具购置费	%	0.15		0.18
五	科研勘测设计费				21.28
1	工程科学研究试验费	%	0.70	897.34	6.28
2	工程勘测设计费				15.00
六	其他				4.90
1	工程保险费	‰	4.50	1088.73	4.90
2	其他税费				

附表 4.7

建筑工程单价汇总表

单位：元

序号	定额编号	工程名称	单位	单价	人工费	材料费	机械使用费	其他直接费	间接费	企业利润	材料补差	税金
								其中				
1	10616	1m³ 挖掘机挖土自卸汽车运输（运距 1km，自卸汽车 5t）	m³	13.55	0.2923	0.2561	6.1096	0.3063	0.2786	0.5070	4.6783	1.1185
2	30001	人工铺砂石垫层碎石垫层	m³	215.58	24.0249	72.114		4.4224	9.0505	7.6728	80.4984	17.8005
3	30002	人工铺筑砂石垫层碎石垫层（反滤层）	m³	221.29	24.0249	72.114		4.4224	9.0505	7.6728	85.7371	18.2720
4	30003	人工抛石护底护岸	m³	200.06	10.4396	72.821	0.5592	3.8557	7.8908	6.6896	81.2876	16.5189
5	30017	人工铺筑干砌块石（平面护坡）	m³	251.23	31.2133	82.012	0.6610	5.2388	10.7213	9.0892	91.5472	20.7435
6	30029	人工铺筑浆砌块石（平面护坡）	m³	398.56	47.9446	139.896	3.4343	8.7986	18.0066	15.2656	132.3097	32.9090
7	30031	浆砌块石	m³	390.68	42.0118	139.896	3.4343	8.5257	17.4481	14.7921	132.3097	32.2576
8	30033	人工铺筑浆砌块石（挡土墙）	m³	392.70	46.2188	138.2664	3.3646	8.6411	17.6842	14.9923	131.1094	32.4249
9	30075	土方回填	m³	4.96	0.8092	0.2668	1.8592	0.1350	0.1535	0.2257	1.1027	0.4097
10	40057	混凝土浇筑底板（底板）	m³	581.45	57.1	247.2699	16.458	14.7577	23.4904	25.13	149.2359	48.0095
11	40066	混凝土浇筑闸墩（水闸闸墩）	m³	458.29	45.16	175.7	13.397	10.7761	17.1527	18.3534	139.9081	37.8407
12	40067	混凝土浇筑墙（墙厚 20cm）	m³	523.73	67.387	185.704	28.122	12.9354	20.5898	22.0311	143.7212	43.2434
13	40069	混凝土浇筑墙（墙厚 60cm）	m³	718.14	44.2767	185.33	200.5376	19.7866	31.4949	33.6996	143.7212	59.2959
14	40070	混凝土浇筑墙（墙厚 90cm）	m³	478.14	39.01	184.97	22.3	11.3292	18.0331	19.2954	143.7212	39.4799
15	40096	其他类型混凝土（基础）	m³	483.02	43.5	176.732	20.68	11.0823	23.9402	19.316	139.8977	47.8674
16	70289	灌注混凝土桩（桩径 0.8m）	m³	306.63	30.9	119.56	8.97	7.3338	13.3412	12.6075	88.6006	25.3183

附表 4.8　　　　　　　　　主要材料预算价格汇总表　　　　　　　　单位：元

序号	材料名称及规格	单位	其　中				预算价	基价	价差
			原价	运杂费	采保费	运保费			
1	水泥 32.5（散装）	t	291	7.65	9.86	2.33	310.84	255	55.84
2	碎石	m³	117	26.25	4.73	0.94	148.92	70	78.92
3	块石	m³	117	26.25	4.73	0.94	148.92	70	78.92
4	粗砂	m³	100	68.25	5.55	0.80	174.60	70	104.60
5	汽油	t	7819	8.19	172.20	62.55	8061.94	3075	4986.94
6	柴油	t	7310	8.19	161.00	58.48	7537.67	2990	4547.67

附表 4.9　　　　　　　　　其他材料预算价格汇总表

序号	名称及规格	单位	原价/元	运杂费/元	合计/元
1	垫铁	kg			3.9
2	电焊条	kg			4.14
3	电	kW·h			0.91
4	黏土	m³			25
5	风	m³			0.16
6	型钢	kg			3.87
7	水	m³			1.72
8	编织袋	个			0.49
9	木材	m³			1200
10	油漆	kg			15
11	钢板	kg			9.8
12	氧气	m³			2.5
13	乙炔气	m³			18
14	棉纱头	kg			20

附表 4.10　　　　　　　　　施工机械台时费汇总表　　　　　　　　单位：元

序号	名称及规格	台时费	其　中				
			折旧费	修理及替换设备费	安拆费	人工费	动力燃料费
1	胶轮车	0.82	0.23	0.59			
2	混凝土搅拌机 0.40m³	25.32	2.91	4.90	1.07	8.61	7.83
3	振动器 1.1kW	2.13	0.28	1.12			0.73

续表

序号	名称及规格	台时费	其 中				
			折旧费	修理及替换设备费	安拆费	人工费	动力燃料费
4	风水枪	40.06	0.21	0.39			39.46
5	振动器 1.5kW	3.10	0.45	1.65			1.00
6	变频机组 8.5kVA	16.20	3.08	7.30			5.82
7	混凝土输送泵 30m³/h	88.19	26.97	18.93	2.10	15.89	24.30
8	卷扬机 5t	19.54	2.63	1.06	0.05	8.61	7.19
9	载重汽车 5t	47.59	6.88	9.96		8.61	22.14
10	单斗挖掘机 液压 1m³	119.49	31.53	23.36	2.18	17.87	44.55
11	推土机 59kW	63.00	9.56	11.94	0.49	15.89	25.12
12	推土机 74kW	86.18	16.81	20.93	0.86	15.89	31.69
13	自卸汽车 5t	50.25	9.50	4.93		8.61	27.21
14	固定式柴油发电机 400kW	281.42	18.82	21.32	4.48	37.07	199.73
15	22kW 单级离心水泵	23.75	0.38	2.20	0.70	8.61	11.86
16	9.0m³/min 电动移动式空压机	43.76	3.01	4.50	0.85	8.61	26.79
17	蛙式打夯机 2.8kW	16.60	0.15	0.93		13.24	2.28
18	刨毛机	55.78	7.40	9.97	0.39	15.89	22.13
19	拖拉机 74kW	65.01	8.54	10.44	0.54	15.89	29.60
20	龙门式起重机 10t	47.08	18.07	5.47	0.99	6.62	15.93
21	电焊机交流 25kVA	13.86	0.29	0.28	0.09		13.20
22	汽车起重机 10t	79.09	22.19	16.01		17.87	23.02
23	高速搅拌机 NJ1500	32.02	3.15	8.17	0.71	8.61	11.38

附表 4.11　　　主 要 工 程 量 汇 总 表

序号	项目	土方开挖/m³	土方回填/m³	石方工程/m³	混凝土/m³	钢筋/t	模板/m²
壹	建筑工程	13939.476	26700.180	19944.963	2329.714		
一	上游工程	5117.226	9630.330	9899.808			
	土方开挖	5117.226					
	土方回填		9630.330				
（一）	上游引渠段			5115.392			
（二）	铺盖段			4265.358			

序号	项目	土方开挖 /m³	土方回填 /m³	石方工程 /m³	混凝土 /m³	钢筋 /t	模板 /m²
（三）	上游消力池			519.058			
二	闸室工程		1769.850		1783.406		
	土方开挖						
	土方回填		1769.850				
（一）	下部结构				1637.671		
（二）	上部结构				145.735		
三	下游工程	8822.250	15300.000	10045.155	546.308		
	土方开挖	8822.250					
	土方回填		15300.000				
（一）	消力池段			653.550	546.308		
（二）	海漫段			5424.905			
（三）	下游引渠段			3966.700			
	合计	13939.476	26700.180	19944.963	2329.714		

附表 4.12　　　　**主 要 材 料 量 汇 总 表**

序号	项目	水泥 /t	钢筋 /t	钢材 /t	木材 /m³	炸药 /t	沥青 /t	粉煤灰 /t	汽油 /t	柴油 /t
壹	建筑工程	1976.17							0.06	20.80
一	上游工程	796.16								7.59
	土方开挖									5.26
	土方回填									2.33
（一）	上游引渠段	350.48								
（二）	铺盖段	403.05								
（三）	上游消力池	42.63								
二	闸室工程	474.87							0.06	0.43
	土方开挖									
	土方回填									0.43
（一）	下部结构	434.96							0.06	
（二）	上部结构	39.91								
三	下游工程	705.14								12.78
	土方开挖									9.07

续表

序号	项目	水泥 /t	钢筋 /t	钢材 /t	木材 /m³	炸药 /t	沥青 /t	粉煤灰 /t	汽油 /t	柴油 /t
	土方回填									3.71
(一)	消力池段	232.17								
(二)	海漫段	371.68								
(三)	下游引渠段	101.29								
	合计	1976.17							0.06	20.80

附表 4.13   **人工预算单价计算表**

艰苦边远地区类别		工长		高级工		中级工		初级工		机械工	
序号	项目	计算式	单价/元	计算式	单价/元	计算式	单价/元	计算式	单价/元	计算式	单价/元
1	人工工时预算单价	9.27	9.27	8.57	8.57	6.62	6.62	4.64	4.64	6.62	6.62
2	人工工日预算单价	9.27×8	74.16	8.57×8	68.56	6.62×8	52.96	4.64×8	37.12	6.62×8	52.96

附表 4.14   **电价计算表**   单位：元

(1) 外购电	基本电价	高压损耗率	低压损耗率	维修摊销费	外购电价
	0.5	4%	6%	0.04	0.59
(2) 自发电	柴油发电机功率	柴油发电机台时费	水泵型号	水泵台时费	
水泵冷却	400kW	585.21	22kW 单级 离心水泵	23.83	
	发电机出力系数 K	厂用电率	低压损耗率	维修摊销费	循环冷却水费
	0.8	5%	6%	0.04	0.06
	发电机总台时费	水泵总台时费	发电机总功率	自发电价	
	1170.42	47.66	800	2.17	
(3) 综合电价	外购电比例/%	自发电比例/%	综合电价		
	80	20	0.91		

附表 4.15   **风价计算表**   单位：元

	空压机型号	空压机台时费	空压机总台时费	水泵总台时费	空压机额定出 风量之和
水泵冷却	9.0m³/min 电 移动式空压机	43.94	175.76	23.83	36
	能量系数 K	供风损耗率	维修摊销费	循环冷却水费	风价
	0.85	10%	0.04	0.007	0.16

附表 4.16 **水 价 计 算 表**

水泵台时 总费用	水泵额定 容量之和	能量系数 K	供水损耗率	维修摊销费	水价
40	28	0.85	0.1	0.04	1.72

附表 4.17 **建筑工程单价表——1m³ 挖掘机挖土自卸汽车运输**

单价编号	1		项目名称	1m³ 挖掘机挖土自卸汽车运输	
定额编号	10616			定额单位	100m³
施工方法	挖装、运输、卸除、空回				
编号	名称及规格	单位	数量	单价/元	合计/元
一	直接费				696.43
(一)	基本直接费				665.80
1	人工费				29.23
	工长	工时			
	高级工	工时			
	中级工	工时			
	初级工	工时	6.30	4.64	29.23
2	材料费				25.61
	零星材料费	%	4.00	640.19	25.61
3	机械使用费				610.96
	挖掘机 液压 1m³	台时	0.95	119.49	113.52
	推土机 59kW	台时	0.47	63.00	29.61
	自卸汽车 5t	台时	9.31	50.25	467.83
(二)	其他直接费	%	4.6	665.80	30.63
二	间接费	%	4.00	696.43	27.86
三	利润	%	7.00	724.29	50.70
四	价差				467.83
	柴油	kg	102.82	4.55	467.83
五	税金	%	9.00	1242.82	111.85
六	单价合计	元			1354.67

附表 4.18　　　　　　　　建筑工程单价表——土方回填

单价编号	2		项目名称		土方回填	
定额编号	30075×0.8			定额单位	100m³ 实方	
施工方法	推平、刨毛、压实，削坡、洒水、补夯边及坝面各种辅助工作					
编号	名称	单位	数量	单价/元	合价/元	
一	直接费	元			307.02	
（一）	基本直接费	元			293.52	
1	人工费	元			80.92	
	工长	工时				
	高级工	工时				
	中级工	工时				
	初级工	工时	17.44	4.64	80.92	
2	材料费	元			26.68	
	零星材料费	%	10	266.83	26.68	
3	机械使用费	元			185.92	
	拖拉机 74kW	台时	1.648	65.01	107.14	
	推土机 74kW	台时	0.44	86.18	37.92	
	蛙式打夯机 2.8kW	台时	0.872	16.60	14.48	
	刨毛机	台时	0.44	55.78	24.54	
	其他机械费	%	1	184.08	1.84	
（二）	其他直接费	%	4.6	293.52	13.50	
二	间接费	%	5	307.02	15.35	
三	利润	%	7	322.37	22.57	
四	材料补差	元			110.27	
	柴油	kg	24.2352	4.55	110.27	
五	税金	%	9	455.21	40.97	
	合计	元			496.18	

附表 4.19　　建筑工程单价表——人工铺筑砂石垫层碎石垫层

单价编号	3		项目名称	人工铺筑砂石垫层碎石垫层	
定额编号	30001			定额单位	100m³
施工方法	填筑砂石料、压实、修坡				
编号	名称及规格	单位	数量	单价/元	合计/元
一	直接费				10056.13
(一)	基本直接费				9613.89
1	人工费				2402.49
	工长	工时	10.20	9.27	94.55
	高级工	工时			
	中级工	工时			
	初级工	工时	497.40	4.64	2307.94
2	材料费				7211.4
	碎(卵)石	m³	102.00	70	7140
	其他材料费	%	1.00	7140	71.4
3	机械使用费				
(二)	其他直接费	%	4.60	9613.89	442.24
二	间接费	%	9.00	10056.13	905.05
三	利润	%	7.00	10961.18	767.28
四	价差				8049.84
	碎(卵)石	m³	102.00	78.92	8049.84
五	税金	%	9.00	19778.3	1780.05
六	单价合计	元			21558.35

附表 4.20　　建筑工程单价表——人工铺筑砂石垫层碎石垫层（反滤层）

单价编号	4		项目名称	人工铺筑砂石垫层碎石垫层（反滤层）	
定额编号	30002			定额单位	100m³
施工方法	填筑砂石料、压实、修坡				
编号	名称及规格	单位	数量	单价/元	合计/元
一	直接费				10056.13
(一)	基本直接费				9613.89
1	人工费				2402.49
	工长	工时	10.20	9.27	94.55
	高级工	工时			
	中级工	工时			

续表

编号	名称及规格	单位	数量	单价/元	合计/元
	初级工	工时	497.40	4.64	2307.94
2	材料费				7211.4
	碎（卵）石	m³	81.60	70	5712
	砂	m³	20.40	70	1428
	其他材料费	%	1.00	7140	71.4
3	机械使用费				
（二）	其他直接费	%	4.60	9613.89	442.24
二	间接费	%	9.00	10056.13	905.05
三	利润	%	7.00	10961.18	767.28
四	价差				8573.71
	碎（卵）石	m³	81.60	78.92	6439.87
	砂	m³	20.40	104.6	2133.84
五	税金	%	9.00	20302.17	1827.2
六	单价合计	元			22129.37

附表 4.21　　建筑工程单价表——人工抛石护底护岸

单价编号	5		项目名称		人工抛石护底护岸
定额编号	30003			定额单位	100m²
施工方法	石料运输、抛石、整平				
编号	名称及规格	单位	数量	单价/元	合计/元
一	直接费				8767.55
（一）	基本直接费				8381.98
1	人工费				1043.96
	工长	工时	4.40	9.27	40.79
	高级工	工时			
	中级工	工时			
	初级工	工时	216.20	4.64	1003.17
2	材料费				7282.1
	块石	m³	103.00	70	7210
	其他材料费	%	1.00	7210	72.1
3	机械使用费				55.92
	胶轮车	台时	68.20	0.82	55.92

续表

编号	名称及规格	单位	数量	单价/元	合计/元
（二）	其他直接费	％	4.60	8381.98	385.57
二	间接费	％	9.00	8767.55	789.08
三	利润	％	7.00	9556.63	668.96
四	价差				8128.76
	块石	m³	103.00	78.92	8128.76
五	税金	％	9.00	18354.35	1651.89
六	单价合计	元			20006.24

附表 4.22　建筑工程单价表——人工铺筑干砌块石（平面护坡）

单价编号	6		项目名称	人工铺筑干砌块石（平面护坡）	
定额编号		30017		定额单位	100m³
施工方法		选石、修石、砌筑、填缝、找平			
编号	名称及规格	单位	数量	单价/元	合计/元
一	直接费				11912.51
（一）	基本直接费				11388.63
1	人工费				3121.33
	工长	工时	11.60	9.27	107.53
	高级工	工时			
	中级工	工时	179.10	6.62	1185.64
	初级工	工时	394.00	4.64	1828.16
2	材料费				8201.2
	块石	m³	116.00	70	8120
	其他材料费	％	1.00	8120	81.2
3	机械使用费				66.1
	胶轮车	台时	80.61	0.82	66.1
（二）	其他直接费	％	4.60	11388.63	523.88
二	间接费	％	9.00	11912.51	1072.13
三	利润	％	7.00	12984.64	908.92
四	价差				9154.72
	块石	m³	116.00	78.92	9154.72
五	税金	％	9.00	23048.28	2074.35
六	单价合计	元			25122.63

附表 4.23　　建筑工程单价表——人工铺筑浆砌块石（平面护坡）

单价编号	7		项目名称	人工铺筑浆砌块石（平面护坡）	
定额编号	30029			定额单位	100m³
施工方法	选石、修石、冲洗、拌制砂浆、砌筑、勾缝				
编号	名称及规格	单位	数量	单价/元	合计/元
一	直接费				20007.35
（一）	基本直接费				19127.49
1	人工费				4794.46
	工长	工时	17.30	9.27	160.37
	高级工	工时			
	中级工	工时	356.50	6.62	2360.03
	初级工	工时	490.10	4.64	2274.06
2	材料费				13989.6
	块石	m³	108.00	70	7560
	砂浆	m³	35.30	180.17	6360
	其他材料费	%	0.50	13920	69.6
3	机械使用费				343.43
	砂浆搅拌机 0.40m³	台时	6.54	32.02	209.41
	胶轮车	台时	163.44	0.82	134.02
（二）	其他直接费	%	4.60	19127.49	879.86
二	间接费	%	9.00	20007.35	1800.66
三	利润	%	7.00	21808.01	1526.56
四	价差				13230.97
	块石	m³	108.00	78.92	8523.36
	砂	m³	38.83	104.6	4061.62
	水泥 32.5	kg	10766.50	0.06	645.99
五	税金	%	9.00	36565.54	3290.9
六	单价合计	元			39856.44

附表 4.24　　　　　建筑工程单价表——浆砌块石

单价编号	8		项目名称		浆砌块石	
定额编号	30031				定额单位	100m³ 砌体方
施工方法	选石、修石、冲洗、拌制砂浆、砌筑、勾缝					
编号	名称及规格	单位	数量	单价/元	合计/元	
一	直接费				19386.78	
（一）	基本直接费				18534.21	
1	人工费				4201.18	
	工长	工时	15.40	9.27	142.76	
	高级工	工时				
	中级工	工时	292.60	6.62	1937.01	
	初级工	工时	457.20	4.64	2121.41	
2	材料费				13989.6	
	块石	m³	108.00	70	7560	
	砂浆	m³	35.30	180.17	6360	
	其他材料费	％	0.50	13920	69.6	
3	机械使用费				343.43	
	砂浆搅拌机 0.40m³	台时	6.54	32.02	209.41	
	胶轮车	台时	163.44	0.82	134.02	
（二）	其他直接费	％	4.60	18534.21	852.57	
二	间接费	％	9.00	19386.78	1744.81	
三	利润	％	7.00	21131.59	1479.21	
四	价差				13230.97	
	块石	m³	108.00	78.92	8523.36	
	砂	m³	38.83	104.6	4061.62	
	水泥 32.5	kg	10766.50	0.06	645.99	
五	税金	％	9.00	35841.77	3225.76	
六	单价合计	元			39067.53	

附表 4.25　　建筑工程单价表——人工铺筑浆砌块石（挡土墙）

单价编号	9		项目名称		人工铺筑浆砌块石（挡土墙）	
定额编号		30033			定额单位	100m³
施工方法		选石、修石、冲洗、拌制砂浆、砌筑、勾缝				
编号	名称及规格	单位	数量	单价/元	合计/元	
一	直接费				19649.09	
（一）	基本直接费				18784.98	
1	人工费				4621.88	
	工长	工时	16.70	9.27	154.81	
	高级工	工时				
	中级工	工时	339.40	6.62	2246.83	
	初级工	工时	478.50	4.64	2220.24	
2	材料费				13826.64	
	块石	m³	108.00	70	7560	
	砂浆	m³	34.40	180.17	6197.85	
	其他材料费	％	0.50	13757.85	68.79	
3	机械使用费				336.46	
	砂浆搅拌机 0.40m³	台时	6.38	32.02	204.29	
	胶轮车	台时	161.18	0.82	132.17	
（二）	其他直接费	％	4.60	18784.98	864.11	
二	间接费	％	9.00	19649.09	1768.42	
三	利润	％	7.00	21417.51	1499.23	
四	价差				13110.94	
	块石	m³	108.00	78.92	8523.36	
	砂	m³	37.84	104.6	3958.06	
	水泥 32.5	kg	10492.00	0.06	629.52	
五	税金	％	9.00	36027.68	3242.49	
六	单价合计	元			39270.17	

附表 4.26　　　　　建筑工程单价表——混凝土拌制

单价编号	10	项目名称		混凝土拌制	
定额编号		40171		定额单位	100m³
施工方法		搅拌机拌制混凝土			
编号	名称及规格	单位	数量	单价/元	合计/元
一	直接费				
（一）	基本直接费				2333.45
1	人工费				1611.25
	工长	工时			
	高级工	工时			
	中级工	工时	126.20	6.62	835.44
	初级工	工时	167.20	4.64	775.81
2	材料费				45.75
	零星材料费	%	2	2287.70	45.75
3	机械使用费				676.45
	搅拌机 0.4m³	台时	18.90	32.01	604.99
	胶轮车	台时	87.15	0.82	71.46

附表 4.27　　　　　建筑工程单价表——混凝土运输

单价编号	11	项目名称		混凝土运输	
定额编号		40180		定额单位	100m³
施工方法		胶轮车运输混凝土			
编号	名称及规格	单位	数量	单价/元	合计/元
一	直接费				
（一）	基本直接费				435.42
1	人工费				355.42
	工长	工时			
	高级工	工时			
	中级工	工时			
	初级工	工时	76.60	4.64	355.42
2	材料费				8.54
	零星材料费	%	2	426.88	8.54
3	机械使用费				71.46
	胶轮车	台时	87.15	0.82	71.46

附表 4.28　　建筑工程单价表——C25 混凝土浇筑底板（底板）

单价编号	12		项目名称	C25 混凝土浇筑底板（底板）	
定额编号	40057			定额单位	100m³
施工方法	溢流堰、护坦、铺盖、阻滑板、闸底板、趾板等				
编号	名称及规格	单位	数量	单价/元	合计/元
一	直接费				33557.74
（一）	基本直接费				32081.97
1	人工费				3507.48
	工长	工时	17.60	9.27	163.15
	高级工	工时	23.40	8.57	200.54
	中级工	工时	310.60	6.62	2056.17
	初级工	工时	234.40	4.64	1087.62
2	材料费				24666.19
	混凝土（C25，32.5，三级配）	m³	112.00	216.87	24289.44
	水	m³	133.00	1.91	254.03
	其他材料费	%	0.50	24543.47	122.72
3	机械使用费				808.14
	振动器 1.1kW	台时	45.84	2.13	97.64
	风水枪	台时	17.08	40.22	686.96
	其他机械费	%	3.00	784.6	23.54
4	混凝土拌制	m³	112.00	23.33	2612.96
	混凝土运输	m³	112.00	4.35	487.2
（二）	其他直接费	%	4.60	32081.97	1475.77
二	间接费	%	7.00	33557.74	2349.04
三	利润	%	7.00	35906.78	2513.47
四	价差				14923.59
	水泥 32.5	kg	29120.00	0.06	1747.2
	粗砂	m³	42.56	104.6	4451.78
	碎石	m³	110.55	78.92	8724.61
五	税金	%	9.00	53343.84	4800.95
六	单价合计	元			58144.79

附表 4.29　　建筑工程单价表——C25 混凝土浇筑墩（水闸闸墩）

单价编号	13		项目名称		C25 混凝土浇筑墩（水闸闸墩）	
定额编号	40066				定额单位	100m³
施工方法	水闸闸墩、溢洪道闸墩、桥墩、靠船墩、渡槽、镇支墩等					
编号	名称及规格	单位	数量	单价/元	合计/元	
一	直接费				24503.85	
（一）	基本直接费				23426.24	
1	人工费				2450.52	
	工长	工时	12.20	9.27	113.09	
	高级工	工时	16.30	8.57	139.69	
	中级工	工时	220.40	6.62	1459.05	
	初级工	工时	159.20	4.64	738.69	
2	材料费				17514.91	
	混凝土（C25，32.5，三级配）	m³	105.00	162.21	17032.05	
	水	m³	73.00	1.91	139.43	
	其他材料费	％	2.00	17171.48	343.43	
3	机械使用费				554.41	
	振动器 1.5kW	台时	21.42	3.10	66.4	
	变频机组 8.5kVA	台时	10.71	16.20	173.5	
	风水枪	台时	5.74	40.06	229.94	
	其他机械	％	18.00	469.84	84.57	
4	混凝土拌制	m³	105.00	23.33	2449.65	
	混凝土运输	m³	105.00	4.35	456.75	
（二）	其他直接费	％	4.60	23426.24	1077.61	
二	间接费	％	7.00	24503.85	1715.27	
三	利润	％	7.00	26219.12	1835.34	
四	价差				13990.81	
	水泥 32.5	kg	27300.00	0.06	1638	
	粗砂	m³	39.90	104.6	4173.54	
	碎石	m³	103.64	78.92	8179.27	
五	税金	％	9.00	42045.27	3784.07	
六	单价合计	元			45829.34	

附表 4.30　建筑工程单价表——C20 混凝土浇筑墙（墙厚 20cm）

单价编号	14		项目名称	C20 混凝土浇筑墙（墙厚 20cm）	
定额编号	40067			定额单位	100m³
施工方法	坝体内截水墙、齿墙、心墙、斜墙、挡土墙、板桩墙、导水墙、防浪墙、胸墙、地面板式直墙、污工砌体外包混凝土等				
编号	名称及规格	单位	数量	单价/元	合计/元
一	直接费				29414.03
（一）	基本直接费				28120.49
1	人工费				4634.40
	工长	工时	18.60	9.27	172.42
	高级工	工时	43.30	8.57	371.08
	中级工	工时	346.50	6.62	2293.83
	初级工	工时	387.30	4.64	1797.07
2	材料费				18512.36
	混凝土（C20，32.5，二级配）	m³	107.00	166.55	17820.85
	水	m³	191.00	1.72	328.52
	其他材料费	%	2.00	18149.37	362.99
3	机械使用费				2011.97
	混凝土泵 30m³/h	m³	12.73	88.17	1122.4
	振动器 1.1kW	台时	54.05	2.13	115.13
	风水枪	台时	13.50	40.22	542.97
	其他机械	%	13.00	1780.52	231.47
4	混凝土拌制	m³	107.00	23.33	2496.31
	混凝土运输	m³	107.00	4.35	465.45
（二）	其他直接费	%	4.60	28120.49	1293.54
二	间接费	%	7.00	29414.03	2058.98
三	利润	%	7.00	31473.01	2203.11
四	价差				14372.12
	水泥 32.5	kg	30923.00	0.06	1855.38
	粗砂	m³	52.43	104.6	5484.18
	碎石	m³	89.11	78.92	7032.56
五	税金	%	9.00	48048.24	4324.34
六	单价合计	元			52372.58

附表 4.31　　建筑工程单价表——C20 混凝土浇筑墙（墙厚 60cm）

单价编号	15		项目名称		C20 混凝土浇筑墙（墙厚 60cm）	
定额编号	40069			定额单位	100m³	
适用范围	坝体内截水墙、齿墙、心墙、斜墙、挡土墙、板桩墙、导水墙、防浪墙、胸墙、地面板式直墙、污工砌体外包混凝土等					
编号	名称及规格	单位	数量	单价/元	合计/元	
一	直接费				44992.77	
（一）	基本直接费				43014.11	
1	人工费				2323.33	
	工长	工时	11.30	9.27	104.75	
	高级工	工时	26.40	8.57	226.25	
	中级工	工时	211.10	6.62	1397.48	
	初级工	工时	128.20	4.64	594.85	
2	材料费				18475.52	
	混凝土（C20，32.5，二级配）	m³	107.00	166.55	17820.85	
	水	m³	170.00	1.72	292.4	
	其他材料费	%	2.00	18113.25	362.27	
3	机械使用费				19253.5	
	混凝土泵 30m³/h	m³	9.56	88.17	842.91	
	振动器 1.1kW	台时	43.73	2.13	93.14	
	风水枪	台时	10.92	40.22	439.2	
	其他机械	%	13.00	1375.25	17878.25	
4	混凝土拌制	m³	107.00	23.33	2496.31	
	混凝土运输	m³	107.00	4.35	465.45	
（二）	其他直接费	%	4.60	43014.11	1978.66	
二	间接费	%	7.00	44992.77	3149.49	
三	利润	%	7.00	48142.26	3369.96	
四	价差				14372.12	
	水泥 32.5	kg	30923.00	0.06	1855.38	
	粗砂	m³	52.43	104.6	5484.18	
	碎石	m³	89.11	78.92	7032.56	
五	税金	%	9.00	65884.34	5929.59	
六	单价合计	元			71813.93	

附表 4.32　　建筑工程单价表——C20 混凝土浇筑墙（墙厚 90cm）

单价编号	16		项目名称	C20 混凝土浇筑墙（墙厚 90cm）	
定额编号	40070			定额单位	100m³
适用范围	坝体内截水墙、齿墙、心墙、斜墙、挡土墙、板桩墙、导水墙、防浪墙、胸墙、地面板式直墙、污工砌体外包混凝土等				
编号	名称及规格	单位	数量	单价/元	合计/元
一	直接费				25761.53
（一）	基本直接费				24628.61
1	人工费				1796.82
	工长	工时	8.70	9.27	80.65
	高级工	工时	20.40	8.57	174.83
	中级工	工时	163.30	6.62	1081.05
	初级工	工时	99.20	4.64	460.29
2	材料费				18438.67
	混凝土（C20，32.5，二级配）	m³	107.00	166.55	17820.85
	水	m³	149.00	1.72	256.28
	其他材料费	%	2.00	18077.13	361.54
3	机械使用费				1433.5
	混凝土泵 30m³/h	m³	8.35	88.17	736.22
	振动器 1.1kW	台时	43.73	2.13	93.14
	风水枪	台时	10.92	40.22	439.2
	其他机械	%	13.00	1268.56	164.91
4	混凝土拌制	m³	107.00	23.31	2494.17
	混凝土运输	m³	107.00	4.35	465.45
（二）	其他直接费	%	4.60	24628.61	1132.92
二	间接费	%	7.00	25761.53	1803.31
三	利润	%	7.00	27564.84	1929.54
四	价差				14372.12
	水泥 32.5	kg	30923.00	0.06	1855.38
	粗砂	m³	52.43	104.6	5484.18
	碎石	m³	89.11	78.92	7032.56
五	税金	%	9.00	43866.5	3947.99
六	单价合计	元			47814.49

附表 4.33　　建筑工程单价表——C25 其他类型混凝土（基础）

单价编号	17		项目名称		C25 其他类型混凝土（基础）	
定额编号	40096			定额单位	100m³	
适用范围	基础、护坡框格、二期混凝土及小体积混凝土					
编号	名称及规格	单位	数量	单价/元	合计/元	
一	直接费				25200.25	
（一）	基本直接费				24092.02	
1	人工费				2287.07	
	工长	工时	11.40	9.27	105.68	
	高级工	工时	19.00	8.57	162.83	
	中级工	工时	198.10	6.62	1311.42	
	初级工	工时	152.40	4.64	707.14	
2	材料费				17616.22	
	混凝土（C25，32.5，三级配）	m³	105.00	162.21	17032.05	
	水	m³	125.00	1.91	238.75	
	其他材料费	%	2.00	17270.8	345.42	
3	机械使用费				1282.33	
	振动器 1.1kW	台时	21.42	2.13	45.62	
	风水枪	台时	27.85	40.22	1120.13	
	其他机械	%	10.00	1165.75	116.58	
4	混凝土拌制	m³	105.00	23.33	2449.65	
	混凝土运输	m³	105.00	4.35	456.75	
（二）	其他直接费	%	4.60	24092.02	1108.23	
二	间接费	%	9.50	25200.25	2394.02	
三	利润	%	7.00	27594.27	1931.6	
四	价差				13989.77	
	水泥 32.5	kg	27300.00	0.06	1638	
	粗砂	m³	39.90	104.6	4173.54	
	碎石	m³	103.64	78.91	8178.23	
五	税金	%	11.00	43515.64	4786.74	
六	单价合计	元			48302.38	

附表 4.34　　　建筑工程单价表——C30 灌注混凝土桩（桩径 0.8m）

单价编号	18		项目名称	C30 灌注混凝土桩（桩径 0.8m）	
定额编号	70289			定额单位	100m³
适用范围	泥浆固壁、机械造孔的灌注桩				
编号	名称及规格	单位	数量	单价/元	合计/元
一	直接费				16676.53
（一）	基本直接费				15943.15
1	人工费				2855.78
	工长	工时	24.00	9.27	222.48
	高级工	工时	74.00	8.57	634.18
	中级工	工时	84.00	6.62	556.08
	初级工	工时	311.00	4.64	1443.04
2	材料费				11950.65
	水下混凝土（C30，32.5，二级配）	m³	66.00	177.52	11716.32
	其他材料费	%	2.00	11716.32	234.33
3	机械使用费				849.62
	搅拌机 0.4m³	台时	12.30	25.32	311.44
	卷扬机 5t	台时	20.00	19.54	390.8
	载重汽车 5t	m³	1.60	47.59	76.14
	胶轮车	m³	56.70	0.82	46.49
	其他机械	%	3.00	824.87	24.75
4	混凝土运输	m³	66.00	4.35	287.1
（二）	其他直接费	%	4.60	15943.15	733.38
二	间接费	%	8.00	16676.53	1334.12
三	利润	%	7.00	18010.65	1260.75
四	价差				8860.06
	水泥 32.5	kg	22638.00	0.06	1358.28
	粗砂	m³	29.70	104.6	3106.62
	碎石	m³	54.97	78.91	4337.68
	汽油	kg	11.52	4.99	57.48
五	税金	%	9.00	28131.46	2531.83
六	单价合计	元			30663.29

附表 4.35　　　　建筑工程单价表——袋装土石围堰填筑

单价编号		19	项目名称		袋装土石围堰填筑
定额编号		90002		定额单位	100m³
施工方法		装土（石）、封包、堆筑			
编号	名称	单位	数量	单价/元	合价/元
一	直接费	元			9901.33
（一）	基本直接费	元			9465.90
1	人工费	元			4853.23
	工长	工时	21	9.27	194.67
	高级工	工时			
	中级工	工时			
	初级工	工时	1004	4.64	4658.56
2	材料费	元			4612.67
	黏土	m³	118	25	2950.00
	编织袋	个	3300	0.49	1617.00
	其他材料费	%	1	4567	45.67
3	机械使用费	元			
（二）	其他直接费	%	4.6	9465.90	435.43
二	间接费	%	5	9901.33	495.07
三	利润	%	7	10396.40	727.75
四	价差	元			
五	税金	%	9	11124.15	1001.17
	合计	元			12125.32

附表 4.36　　　　建筑工程单价表——袋装土石围堰拆除

单价编号		20	项目名称		袋装土石围堰拆除
定额编号		90005		定额单位	100m³
施工方法		拆除、清理			
编号	名称	单位	数量	单价/元	合价/元
一	直接费	元			781.37
（一）	基本直接费	元			747.01
1	人工费	元			747.01
	工长	工时	3	9.27	27.81

续表

编号	名称	单位	数量	单价/元	合价/元
	高级工	工时			
	中级工	工时			
	初级工	工时	155	4.64	719.20
2	材料费	元			
3	机械使用费	元			
（二）	其他直接费	%	4.6	747.01	34.36
二	间接费	%	5	781.37	39.07
三	利润	%	7	820.44	57.43
四	材料补差	元			
五	税金	%	9	877.87	79.01
	合计	元			956.88

4.10　本章小结

　　本章在介绍了通州市营船港闸的工程概况，基本资料，设计条件，设计要求等基础上，对营船港闸工程进行项目划分。通过用 Revit 建模来直接导出工程量。在计算基础单价及确定取费标准的基础上进行分部工程概算编制，分别计算独立费用和基本预备费，得出工程总概算。

第5章 排水箱涵工程概算书

5.1 排水箱涵工程概况

5.1.1 工程简介

淮滨县下元新村排水箱涵工程位于淮滨县以南，城关镇镇区以北偏东，乌龙大道以东的位置。工程起自乌龙大道，流入城关镇污水处理厂，全段长0.6km。作为城关镇镇区东北部的主要的一条排水（污）沟，承接镇区5000m³/日的排（雨）污量。

本工程位于镇区内，由于沟道地形狭窄且极易受到周边群众生产生活影响，生活垃圾和弃土、弃渣等较多，排污能力差，夏天排水（污）沟气味刺鼻，环境影响大。随着城关镇镇区建设的发展，迫切要求治理此段排水（污）沟，提高排污能力，改善周边环境，达到排污能力足够、对周边环境影响小，群众满意，实现镇区的可持续发展。

依据镇区发展规划，治理后的排水沟既要满足排水（污）能力，又能满足周边群众对环境的要求。由于沟道地形狭窄且弯曲，结合当地实际情况，确定本工程排水沟采用暗涵式结构排污，既满足排水（污）能力的要求，又能满足周边群众对环境的要求。

5.1.2 主要工程量

本工程主要工程量：土方开挖1.75万m³；土方回填1.05万m³；石方工程0.17万m³；混凝土3714.60m³，模板8689.37m²。

5.1.3 主要材料量

主要材料用量为：钢筋249.29t，汽油6.75t，柴油48.13t。

5.2 编制原则及依据

5.2.1 编制原则

（1）严格执行国家的法律、法规和有关制度，以实现工程的经济效益和社会效益。

（2）深入调查，实事求是，充分收集掌握第一手资料，正确选用定额、标准和价格。

5.2.2　编制依据

（1）《水利工程设计概估算编制规定》（水总〔2014〕429 号）；

（2）《水利建筑工程概算定额》（上、下册）（2002 年版）；

（3）《水利水电设备安装工程概算定额》；

（4）《水利工程施工机械台时费定额》（2002 年版）；

（5）《水利水电工程设计工程量计算规定》（SL 328—2005）；

（6）《淮滨县建筑工程部分材料预算指导价格》（淮住建字〔2018〕15 号）；

（7）《水利工程营业税改征增值税计价依据调整办法》（办水总〔2016〕132 号）；

（8）水利部办公厅《关于调整水利工程计价依据增值税计算标准的通知》（办财务函〔2019〕448 号）；

（9）设计专业提供的体图、工样量、施工组织设计及其他各专业提供的设计资料。

5.3　基础单价

5.3.1　人工预算单价

按《水利工程设计概估算编制规定》（水总〔2014〕429 号）规定，本工程为引水工程。人工单价如下：

工长：9.27 元/工时　　　　　　高级工：8.57 元/工时

中级工：6.62 元/工时　　　　　初级工：4.64 元/工时

5.3.2　材料预算价格

（1）主要材料价格。主要材料原价依据《淮滨县建筑工程部分材料预算指导价格》（淮住建字〔2018〕15 号），结合市场调查，综合考虑。主要材料预算价格如下：

C30 商品混凝土：533 元/m³　　　汽油：8.9 元/kg

水泥（32.5）：430 元/t　　　　　柴油：6.77 元/kg

钢筋：3900 元/t　　　　　　　　中粗砂：240 元/m³

其中水泥、商品混凝土、柴油、汽油、钢筋、砂分别按基价 255 元/t、

200 元/m³、2990 元/t、3075 元/t、2560 元/t、70 元/m³ 计入工程造价，超过部分计取税金后列入相应部分之后。

（2）次要材料价格。参照《淮滨县建筑工程部分材料预算指导价格》（淮住建字〔2018〕15 号）中发布的淮滨县的材料价格，并结合已完成工程实际价格有关资料分析取定。

5.3.3 施工机械台时费

按《水利工程施工机械台时费定额》（2002 年版）计算。施工机械使用费按调整后的施工机械台时费定额和不含增值税进项税额的基础价格计算。施工机械台时费定额的折旧费除以 1.13 调整系数，修理及替换设备费除以 1.09 调整系数，安装拆卸费不变。

5.3.4 电、水、风价格

（1）施工用电：以城市电网供电为主，经计算综合电价为 1.06 元/（kW·h）。

（2）施工用水：采用打井取水，为 3.00 元/m³。

（3）施工用风：按 9m³ 移动空压机计算，风价为 0.17 元/m³。

5.4 取费标准

建筑及安装工程费由直接费、间接费、利润、材料补差、税金组成。

5.4.1 直接费

直接费包括基本直接费和其他直接费。基本直接费包括人工费、材料费和机械使用费；其他直接费包括冬雨季施工增加费、夜间施工增加费等、临时设施费、安全生产措施费及其他，按基本直接费的百分率计，建筑工程取 5.7%，安装工程取 6.5%。

5.4.2 间接费

间接费采用引水工程费率标准，见表 1.3.6。

5.4.3 企业利润

企业利润按直接工程费和间接费之和的 7% 计列。

5.4.4 税金

指应计入建筑安装工程费用内的增值税销项税额，税率为 9%，按直接费、间接费、利润、材料补差之和计列。

5.5　分部工程概算编制

5.5.1　建筑工程

主体建筑工程，按工程量乘单价编列。

5.5.2　金属结构设备及安装工程

主要机电设备及金属结构设备价格原价以厂家询价为准，安装工程投资按设备数量乘以安装单价进行计算。

5.5.3　施工临时工程

（1）导流工程。包括施工围堰填筑及拆除、施工排水等内容，预算编制同永久建筑工程，按照设计提供工程量乘工程单价计算。

（2）施工房屋建筑工程。

1）施工仓库：按建筑面积及单位面积造价指标计算（300 元/m²）；

2）办公、生活及文化福利建筑：按以上建安工程量的 1.5% 计列。

（3）其他临时工程：按一～四部分建安工程量（不包括其他施工临时工程）之和的 2% 计算。

5.6　独立费用

5.6.1　建设管理费

本工程建设管理费用按 21 万元计列。

5.6.2　工程建设监理费

本工程建设监理费用按合同价计列，取 9 万元。

5.6.3　勘测设计费

本工程勘测设计费用按合同价计列，取 15 万元。

5.7　基本预备费

本工程基本预备费用按 15 万元计列。

5.8　工程总概算

本工程总投资 858.43 万元，其中：建筑工程 715.40 万元，金属结构设备及安装 1.68 万元，施工临时工程 43.96 万元，独立费用 45.00 万元，基本预备费 52.39 万元。

5.9　本章小结

本章在介绍了淮滨县下元新村排水箱涵工程的基本概况的基础上，对排水箱涵工程进行项目划分。通过用 Revit 建模来直接导出工程量，本章在第 3、4 章的基础上省去了工程量的计算过程，直接使用计算结果来进行工程概算的编制。在计算基础单价及确定取费标准的基础上进行分部工程概算编制，分别计算独立费用和基本预备费，得出工程总概算。

5.10　概算附表

淮滨县下元新村排水箱涵工程概算附表见附表 5.1～附表 5.43。

附表 5.1　　　　工 程 概 算 总 表　　　　单位：万元

序号	工程或费用名称	建安工程费	设备购置费	独立费用	合计
Ⅰ	工程部分投资				806.04
	第一部分 建筑工程	715.40			715.40
	第二部分 机电设备及安装工程				
	第三部分 金属结构设备及安装工程	0.22	1.46		1.68
	第四部分 施工临时工程	43.96			43.96
	第五部分 独立费用			45.00	45.00
	一～五部分投资合计	759.58	1.46	45.00	806.04
	基本预备费				52.39
	静态投资				858.43
Ⅱ	建设征地移民补偿投资				
Ⅲ	环境保护工程投资静态投资				
Ⅳ	水土保持工程投资静态投资				

续表

序号	工程或费用名称	建安工程费	设备购置费	独立费用	合计
V	工程投资总计（Ⅰ～Ⅴ合计）				858.43
	静态总投资				858.43
	价差预备费				
	建设期融资利息				
Ⅵ	总投资				858.43

附表 5.2　　　　**工 程 部 分 总 概 算 表**　　　单位：万元

序号	工程或费用名称	建安工程费	设备购置费	独立费用	合计	占一～五项投资比例/%
Ⅰ	工程部分投资				806.04	
	第一部分 建筑工程	715.40			715.40	88.755
	第二部分 机电设备及安装工程					
	第三部分 金属结构设备及安装工程	0.22	1.46		1.68	0.208
	第四部分 施工临时工程	43.96			43.96	5.454
	第五部分 独立费用			45.00	45.00	5.583
	一～五部分投资合计	759.58	1.46	45.00	806.04	100.00
	基本预备费				52.39	
	静态投资				858.43	

附表 5.3　　　　**建 筑 工 程 概 算 表**

序号	工程或费用名称	单位	数量	单价/元	合计/万元
壹	建筑工程				715.40
一	土方工程				32.05
（一）	清淤疏浚（运距 2km）	m³	5100.00	25.18	12.84
（二）	土方开挖	m³	12276.50	11.57	14.20
（三）	土方回填	m³	10417.50	4.81	5.01
二	砌石工程				67.97
（1）	浆砌块石	m³	1440.00	472.02	67.97
三	主体工程				385.74
（一）	箱涵起始段				2.90

序号	工程或费用名称	单位	数量	单价/元	合计/万元
（1）	土方开挖	m³	81.19	11.57	0.09
（2）	土方回填	m³	69.68	4.81	0.03
（3）	C15 护底	m³	0.08	799.91	0.01
（4）	砂石垫层	m³	1.26	307.07	0.04
（5）	C30 底板	m³	9.70	1325.34	1.29
（6）	C30 挡墙	m³	17.76	793.52	1.41
（7）	C30 现浇顶板	m³	0.35	891.09	0.03
（二）	箱涵中段				381.19
（1）	砂石垫层	m³	258.00	307.07	7.92
（2）	C30 底板	m³	1450.80	1325.34	192.28
（3）	C30 挡墙	m³	1725.00	793.52	136.88
（4）	C30 现浇顶板	m³	495.00	891.09	44.11
（三）	箱涵末端				1.31
（1）	砂石垫层	m³	1.20	307.07	0.04
（2）	C30 底板	m³	4.69	1325.34	0.62
（3）	C30 挡墙	m³	5.11	793.52	0.41
（4）	C30 现浇顶板	m³	2.64	891.09	0.24
（四）	箱涵预制盖板				0.34
（1）	C30 混凝土盖板预制及砌筑	m³	3.470	979.61	0.34
四	模板工程				71.74
（1）	普通标准钢模板制安	m²	62.74	59.50	0.37
（2）	矩形涵洞模板制安	m²	8626.63	82.73	71.37
五	钢筋制安				155.15
（1）	钢筋制作与安装	t	232.980	6659.27	155.15
六	止水工程				2.47
（1）	651 型橡胶止水带	m	361.15	68.51	2.47
七	沉降观测				0.28
（1）	沉降观测装置	个	62.00	45.00	0.28

附表 5.4　　　　　　　　　金属结构设备及安装工程概算表

序号	名称及规格	单位	数量	单价/元		合计/万元	
				设备费	安装费	设备费	安装费
叁	金属结构设备安装工程					1.46	0.22
（1）	拦污栅	台	1	13000.00	2023.14	1.30	0.20
（2）	铸铁踏步	处	3	520.00	62.40	0.16	0.02

附表 5.5　　　　　　　　　　施工临时工程概算表

序号	工程名称	单位	工程量	单价/元	合计/万元
肆	施工临时工程	项	1		43.96
一	施工导流工程				5.75
（1）	袋装土石围堰填筑	m³	395	122.53	4.84
（2）	袋装土石围堰拆除	m³	395	9.67	0.38
（3）	临时排水沟开挖	m³	300	4.73	0.14
（4）	ϕ1000 混凝土涵管	m	9.1	433.86	0.39
二	施工交通工程				9.32
（1）	施工道路（泥结碎石路面 15cm 厚）	m²	1800	51.76	9.32
三	施工房屋建筑工程				14.01

续表

序号	工程名称	单位	工程量	单价/元	合计/万元
（1）	施工仓库	m²	100	300.00	3.00
（2）	办公、生活及文化福利建筑	％	1.5	733.69	11.01
四	其他临时工程				14.88
（1）	其他临时工程	％	2	744.03	14.88

附表 5.6　　　　独 立 费 用 概 算 表

序号	费用名称	单位	数量/费率	单价/元	合计/万元
伍	独立费用				45.00
一	建设管理费				21.00
二	工程建设监理费				9
三	科研勘测设计费				15
（一）	工程勘测设计费				15
（1）	工程设计费				15

附表 5.7

建筑工程单价汇总表

单价编号	名称	单位	单价/元	人工费	材料费	机械使用费	拌制或运输	其他直接费	间接费	利润	材料补差	税金
1	清淤疏浚（运距2km）	m³	25.18	0.4307		14.7262		0.8639	0.8010	1.1775	5.1027	2.0792
2	土方开挖	m³	11.57	0.2923	0.2449	5.8304		0.3630	0.3365	0.4947	3.0558	0.9556
3	土方回填	m³	4.81	0.8092	0.2678	1.8691		0.1679	0.1557	0.2289	0.9161	0.3973
4	袋装土石围堰填筑	m³	122.53	48.5323	46.1267			5.3956	5.0027	7.3540		10.1170
5	袋装土石围堰拆除	m³	9.67	7.4701				0.4258	0.3948	0.5803		0.7984
6	临时排水沟开挖	m³	4.73	3.3825	0.2706			0.2082	0.1931	0.2838		0.3904
7	浆砌块石	m³	472.02	37.2079	129.0523	3.4487		9.6734	18.8351	13.8752	216.3675	38.5614
8	普通标准钢模板	m²	59.5	17.0797	14.8876	9.3194		2.3533	2.6184	3.2381	5.0887	4.9127
9	矩形涵洞模板	m²	82.73	22.0768	29.2141	8.2623		3.3945	3.7769	4.6707	4.4992	6.8305
10	砂石垫层	m³	307.07	24.0249	72.1140			5.4799	9.1457	7.7535	163.2000	25.3546
11	C15护底	m³	799.91	35.0748	228.2123	9.3889	35.0224	17.5388	30.8975	24.9294	352.8000	66.0478
12	C30底板	m³	1325.34	35.0748	601.1723	9.3889	35.0224	38.7975	68.3483	55.1463	372.9600	109.4319
13	C30挡墙	m³	793.52	29.8112	223.7880	20.0850	33.4589	17.5072	22.7255	24.3163	356.3100	65.5202
14	C30现浇顶板	m³	891.09	135.6902	234.1047	7.1767	17.2620	22.4713	29.1693	31.2112	340.4312	73.5765
15	C30混凝土盖板预制及砌筑	m³	979.61	177.7522	248.9567	7.9128	17.2620	25.7574	33.4349	35.7753	351.8733	80.8852
16	651型橡胶止水带	m	68.51	11.5127	39.2385			2.8928	5.0962	4.1118		5.6567
17	φ1000混凝土涵管	m	433.86	51.4214	212.5776	25.1966	32.2081	18.3200	32.2738	26.0398		35.8234
18	钢筋制作与安装	t	6659.27	731.0900	2814.7400	374.8200		223.4800	207.2100	304.5900	1453.4900	549.8500

附表 5.8

安装工程单价汇总表

单价编号	名称	单位	单价/元	人工费	材料费	机械使用费	其他直接费	间接费	利润	材料补差	未计价装置性材料费	税金
								其 他				
1	拦污栅	台	2023.14	396.92	99.04	462.15	62.28	714.27	121.43			167.05

附表 5.9　　　　　　　　**主要材料预算价格汇总表**　　　　单位：元

序号	名称及规格	单位	预算价格/元	其　中				基价	价差
				原价	运杂费	运输保险费	采购及保管费		
1	砂	m³	240	240				70	170
2	碎石	m³	230	230				70	160
3	块石	m³	235	235				70	165
3	柴油	kg	6.77	6.77				2.99	3.78
4	汽油	kg	8.9	8.9				3.075	5.825
5	钢筋	t	3900	3900				2560	1340
6	商品混凝土 C15	m³	515	515				200	315
7	商品混凝土 C30	m³	533	533				200	333

附表 5.10　　　　　　　　其他材料预算价格汇总表　　　　　　　单位：元

序号	名称及规格	单位	原价	运杂费	合计
1	651 橡胶止水带	m			37
2	卡扣件	kg			5.5
3	铁件	kg			4.3
4	铁丝	kg			4.3
5	电焊条	kg			4.14
6	预制混凝土柱	m³			430
7	电	kW·h			1.06
8	黏土	m³			25
9	风	m³			0.17
10	型钢	kg			3.87
11	水	m³			3
12	专用钢模板	kg			4.5
13	组合钢模板	kg			4.2
14	水泥 325	kg			0.43
15	编织袋	个			0.49
16	锯材	m³			2300
17	油漆	kg			18.99
18	黄油	kg			9.08

附表 5.11　　　　　　　　砂浆材料单价计算表　　　　　　　单位：元/m³

砂浆强度等级	水泥标号	预算量			预算价	价差
		水泥/kg	砂/m³	水/m³		
M10 水泥砂浆	32.5	305	1.10	0.183	395.699	240.375

附表 5.12

施工机械台时费汇总表

序号	名称及规格	台时费/元	折旧费	修理及替换设备费	安拆费	人工费	动力燃料费
					其　中		
1	链斗式挖泥船 40m³/h	143.77	14.85	24.26		48.33	56.33
2	拖轮 75kW	89.50	13.45	16.04		33.10	26.91
3	非自航满底泥驳 40m³	37.95	4.20	5.84		25.82	2.09
4	机艇 30kW	47.66	4.20	8.25		17.87	17.34
5	单斗挖掘机液压 1m³	119.49	31.53	23.36	2.18	17.87	44.55
6	推土机 59kW	63.00	9.56	11.94	0.49	15.89	25.12
7	推土机 74kW	86.18	16.81	20.93	0.86	15.89	31.69
8	拖拉机履带式 74kW	65.41	8.54	10.84	0.54	15.89	29.60
9	压路机内燃 12～15t	60.14	8.96	15.85		15.89	19.44
10	蛙式夯实 2.8kW	16.97	0.15	0.93		13.24	2.65
11	刨毛机	55.78	7.40	9.97	0.39	15.89	22.13
12	混凝土搅拌机 0.4m³	26.61	2.91	4.90	1.07	8.61	9.12
13	混凝土输送泵 30m³/h	92.19	26.97	18.93	2.10	15.89	28.30
14	插入式振动器 1.1kW	2.25	0.28	1.12			0.85
15	振动器 2.2kW	3.99	0.48	1.71			1.80
16	风（砂）水枪 6m³/min	47.33	0.21	0.39			46.73
17	载重汽车 5t	47.59	6.88	9.96		8.61	22.14
18	载重汽车 10t	72.86	18.54	19.10		8.61	26.61
19	自卸汽车 8t	71.53	19.99	12.43		8.61	30.50

续表

序号	名称及规格	台时费/元	其中				
			折旧费	修理及替换设备费	安拆费	人工费	动力燃料费
20	胶轮车	0.82	0.23	0.59			
21	塔式起重机 10t	109.22	36.61	12.74	3.10	17.87	38.90
22	汽车起重机 5t	58.53	11.43	11.39		17.87	17.84
23	电焊机交流 25kVA	16.03	0.29	0.28	0.09		15.37
24	对焊机电弧型 150	109.11	1.50	2.35	0.76	8.61	95.89
25	钢筋弯曲机 φ6~40	17.01	0.47	1.33	0.24	8.61	6.36
26	钢筋切断机 20kW	29.73	1.04	1.57	0.28	8.61	18.23
27	钢筋调直机 4~14kW	20.57	1.42	2.47	0.44	8.61	7.63
28	型钢剪断机 13kW	32.79	7.65	4.49	1.33	8.61	10.71
29	圆盘锯	24.89	0.35	1.07	0.05	15.89	7.53
30	双面刨床	20.20	0.89	1.01	0.15	8.61	9.54
31	混凝土搅拌机 0.25m³	16.83	1.15	2.06	0.45	8.61	4.56
32	摊铺机 TX150	25.71	5.40	2.06	0.67	8.61	8.97
33	机动翻斗车 1t	15.30	1.08	1.12		8.61	4.49
34	单筒慢速卷扬机 5t	20.72	2.63	1.06	0.05	8.61	8.37
35	羊角碾 5~7t	2.09	1.12	0.97			
36	高速搅拌机 NJ-1500	33.89	3.15	8.17	0.71	8.61	13.25
37	门座式起重机 10/30t 高架 10~30t	244.00	90.86	31.07		25.82	96.25
38	装载机 2m³	118.16	28.45	22.2		8.61	58.9

附表 5.13　　　　　　主 要 工 程 量 汇 总 表

序号	项　目	土方开挖 /m³	土方回填 /m³	石方工程 /m³	混凝土 /m³	钢筋 /t	模板 /m²
壹	建筑工程	17457.69	10487.18	1700.46	3714.60	232.980	8689.37
一	土方工程	17376.50	10417.50				
（一）	清淤疏浚（运距2km）	5100.00					
（二）	土方开挖	12276.50					
（三）	土方回填		10417.50				
二	砌石工程			1440.00			
（1）	浆砌块石			1440.00			
三	主体工程	81.19	69.68	260.46	3714.60		
（一）	箱涵起始段	81.19	69.68	1.26	27.89		
（二）	箱涵中段			258.00	3670.8		
（三）	箱涵末端			1.20	12.44		
（四）	箱涵预制盖板				3.47		
四	模板工程						8689.37
（1）	普通标准钢模板制安						62.74
（2）	矩形涵洞模板制安						8626.63
五	钢筋制安					232.98	
（1）	钢筋制作与安装					232.98	
六	合计	17457.69	10487.18	1700.46	3714.60	232.98	8689.37

主要材料量汇总表

附表 5.14

序号	项　目	水泥/t	钢筋/t	钢材/t	木材/m³	炸药/t	沥青/t	粉煤灰/t	汽油/t	柴油/t
壹	第一部分建筑工程	89.85	249.29						6.75	19.33
一	土方工程									19.33
(一)	清淤疏浚（运距2km）									6.88
(二)	土方开挖									9.92
(三)	土方回填									2.52
二	砌石工程	89.60								
(1)	浆砌块石	89.60								
三	主体工程	0.25							0.03	
(一)	箱涵起始段								0.00002	
(二)	箱涵中段								0.03	
(三)	箱涵末端								0.0002	
(四)	箱涵预制盖板	0.25							0.0004	
四	模板工程								6.71	
(一)	普通标准钢模板制安								0.05	
(2)	矩形涵洞模板制安								6.66	
五	钢筋制安		249.29						0.008	
(1)	钢筋制作与安装		249.29						0.008	
六	止水工程									
(1)	651型橡胶止水带									
七	沉降观测									
(1)	沉降观测装置									
八	合计	89.85	249.29						6.75	19.33

附表 5.15 　　　　　　　人工预算单价计算表

艰苦边远地区类别		工长		高级工		中级工		初级工		机械工	
序号	项目	计算式	单价/元	计算式	单价/元	计算式	单价/元	计算式	单价/元	计算式	单价/元
1	人工工时预算单价	9.27	9.27	8.57	8.57	6.62	6.62	4.64	4.64	6.62	6.62
2	人工工日预算单价	9.27 * 8	74.16	8.57 * 8	68.56	6.62 * 8	52.96	4.64 * 8	37.12	6.62 * 8	52.96

附表 5.16 　　　　　　　电 价 计 算 表

综合电价：1.06 元/(kW・h)

供电点	供 电 点	供电比例	100	单价/元	1.06
费用代号	费用名称	计算公式		费率	费用
P8	电网百分比/%	=电网百分率		90	
基本电价	基本电价			0.82	
P3	高压输电电路损耗率	=高压输电线路损耗率		4	
P6	供电设施维修摊销费	=供电设施维修摊销费		0.04	
P4	变电设备及线路损耗率	=变配电线路损耗率		5	
F1	电网电价	=基本电价/ (1−P3)/(1−P4)+P6			
P9	发电百分率			10	
P1	发电机出力系数			0.8	
P2	发电厂用电率			4	
P10	变配电设备及线路损耗率			5	
P5	循环水冷却费	=循环水冷却费		0.06	
P7	发电设施维修摊销费	=发电设施维修摊销费		0.04	
D1	柴油发电及水泵台时总费用				299.41
V1	发电机定额容量之和				200
F2	发电电价	=D1/(V1×P1)÷(1−P2)÷(1−P10)+P5+P7			
FZ	电价	=P8×F1+P9×F2			1.06
机械编号	机械名称	台时费/元	容量	台数	机械费合计/元	容量合计
JX8034	柴油发电机固定式 200kW	299.41	200	1	299.41	200

附表 5.17　　　　　　　　　　　风 价 计 算 表

综合风价：0.17 元/m³

供风点	供风点	供风比例	100	单价/元	0.17	
费用代号	费用名称	计算公式		费率	费用	
FA	空压机台时总费用				64.96	
F0	空压机定额容量之和				9	
F1	能量利用系数	＝能量利用系数		0.8		
F2	供风损耗率	＝供风损耗率		0.08		
F3	循环冷却水费				0.007	
F4	供风设施摊销费				0.004	
FZ	施工用风价格	＝FA/[F0×60×F1×(1−F2)]＋F3＋F4			0.17	
机械编号	机械名称	台时费/元	容量	台数	机械费合计/元	容量合计
JX8011	空压机电动移动式 9.0m³/min	64.96	9	1	94.96	9

附表 5.18　　　　**建筑工程单价表——清淤疏浚（运距 2km）**

单价编号	1	项目名称	清淤疏浚（运距 2km）		
定额编号		81061		定额单位	10000m³
施工方法					
编号	名称	单位	数量	单价/元	合价/元
一	直接费	元			160208.33
（一）	基本直接费	元			151568.90
1	人工费	元			4306.85
	工长	工时			
	高级工	工时			
	中级工	工时			
	初级工	工时	928.2	4.64	4306.85
2	材料费	元			

续表

编号	名称	单位	数量	单价/元	合价/元
3	机械使用费	元			147262.05
	挖泥船 40m³/h	艘时	442	143.77	63546.34
	拖轮 75kW	艘时	442	89.50	39559.00
	泥驳 40m³	艘时	884	37.95	33547.80
	机艇 30kW	艘时	132.6	47.66	6319.72
	其他机械费	%	3	142972.86	4289.19
（二）	其他直接费	%	5.7	151568.90	8639.43
二	间接费	%	5	160208.33	8010.42
三	利润	%	7	168218.75	11775.31
四	价差	元			51027.13
	柴油	kg	13499.24	3.78	51027.13
五	税金	%	9	231021.19	20791.91
六	合计	元			251813.10

附表 5.19　　建筑工程单价表——土方开挖

单价编号	2	项目名称	土方开挖（1m³ 挖掘机挖土自卸汽车运输）		
定额编号		10616		定额单位	100m³
施工方法			挖松、堆放		
编号	名称	单位	数量	单价/元	合价/元
一	直接费	元			673.06
（一）	基本直接费	元			636.76
1	人工费	元			29.23
	工长	工时			
	高级工	工时			
	中级工	工时			
	初级工	工时	6.3	4.64	29.23
2	材料费	元			24.49
	零星材料费	%	4	612.27	24.49

续表

编号	名称	单位	数量	单价/元	合价/元
3	机械使用费	元			583.04
	挖掘机 液压 1m³	台时	0.95	119.49	113.52
	推土机 59kW	台时	0.47	63.00	29.61
	自卸汽车 8t	台时	6.15	71.53	439.91
（二）	其他直接费	%	5.7	636.76	36.30
二	间接费	%	5	673.06	33.65
三	利润	%	7	706.71	49.47
四	材料补差	元			305.58
	柴油	kg	80.84	3.78	305.58
五	税金	%	9	1061.76	95.56
六	合计	元			1157.32

附表 5.20　　　　建筑工程单价表——土料运输

单价编号	3	项目名称		土料运输	
定额编号		10743		定额单位	100m³
施工方法			挖装、运输、卸除、空回		
编号	名称	单位	数量	单价/元	合价/元
一	直接费	元			
（一）	基本直接费	元			333.41
1	人工费	元			21.81
	工长	工时			
	高级工	工时			
	中级工	工时			
	初级工	工时	4.7	4.64	21.81
2	材料费	元			26.78
	零星材料费	%	3	306.63	26.78
3	机械使用费	元			284.82
	装载机 2m³	台时	1.648	118.16	194.73
	推土机 59kW	台时	0.44	63.00	27.72
	自卸汽车 8t	台时	0.872	71.53	62.37

附表 5.21　　　　　　建筑工程单价表——土方回填

单价编号	4	项目名称			土方回填	
定额编号		30075×0.8			定额单位	100m³ 实方
施工方法						
编号	名称	单位	数量	单价/元	合价/元	
一	直接费	元			666.20	
（一）	基本直接费	元			630.27	
1	人工费	元			80.92	
	工长	工时				
	高级工	工时				
	中级工	工时				
	初级工	工时	17.44	4.64	80.92	
2	材料费	元			26.78	
	零星材料费	%	10	267.83	26.78	
3	机械使用费	元			186.91	
	拖拉机 74kW	台时	1.648	65.41	107.80	
	推土机 74kW	台时	0.44	86.18	37.92	
	蛙式打夯机 2.8kW	台时	0.872	16.97	14.80	
	刨毛机	台时	0.44	55.78	24.54	
	其他机械费	%	1	185.06	1.85	
4	土料运输（自然方）	m³	100.8	3.33	335.66	
（二）	其他直接费	%	5.7	630.27	35.93	
二	间接费	%	5	666.20	33.31	
三	利润	%	7	699.51	48.97	
四	材料补差	元			263.31	
	柴油	kg	69.66	3.78	263.31	
五	税金	%	9	1011.79	91.06	
六	合计	元			1102.85	

附表 5.22　　　　建筑工程单价表——袋装土石围堰填筑

单价编号	5	项目名称	袋装土石围堰填筑		
定额编号		90002		定额单位	100m³
施工方法		装土（石）、封包、堆筑			
编号	名称	单位	数量	单价/元	合价/元
一	直接费	元			10005.46
（一）	基本直接费	元			9465.90
1	人工费	元			4853.23
	工长	工时	21	9.27	194.67
	高级工	工时			
	中级工	工时			
	初级工	工时	1004	4.64	4658.56
2	材料费	元			4612.67
	黏土	m³	118	25	2950.00
	编织袋	个	3300	0.49	1617.00
	其他材料费	%	1	4567	45.67
3	机械使用费	元			
（二）	其他直接费	%	5.7	9465.90	539.56
二	间接费	%	5	10005.46	500.27
三	利润	%	7	10505.73	735.40
四	价差	元			
五	税金	%	9	11241.13	1011.70
六	合计	元			12252.83

附表 5.23　　　　建筑工程单价表——袋装土石围堰拆除

单价编号	6	项目名称	袋装土石围堰拆除		
定额编号		90005		定额单位	100m³
施工方法		拆除、清理			
编号	名称	单位	数量	单价/元	合价/元
一	直接费	元			789.59
（一）	基本直接费	元			747.01
1	人工费	元			747.01
	工长	工时	3	9.27	27.81
	高级工	工时			

续表

编号	名称	单位	数量	单价/元	合价/元
	中级工	工时			
	初级工	工时	155	4.64	719.20
2	材料费	元			
3	机械使用费	元			
（二）	其他直接费	％	5.7	747.01	42.58
二	间接费	％	5	789.59	39.48
三	利润	％	7	829.07	58.03
四	材料补差	元			
五	税金	％	9	887.10	79.84
六	合计	元			966.94

附表 5.24　　建筑工程单价表——临时排水沟开挖

单价编号	7	项目名称		临时排水沟开挖	
定额编号		10022		定额单位	100m²
施工方法		自卸汽车接运、推土机配合			

编号	名称	单位	数量	单价/元	合价/元
一	直接费	元			386.13
（一）	基本直接费	元			365.31
1	人工费	元			338.25
	工长	工时	1.5	9.27	13.91
	高级工	工时			
	中级工	工时			
	初级工	工时	69.9	4.64	324.34
2	材料费	元			27.06
	零星材料费	％	8	338.25	27.06
3	机械使用费	元			
（二）	其他直接费	％	5.7	365.31	20.82
二	间接费	％	5	386.13	19.31
三	利润	％	7	405.44	28.38
四	材料补差	元			
五	税金	％	9	433.82	39.04
六	合计	元			472.86

附表 5.25　　　　　　　　建筑工程单价表——浆砌块石

单价编号	8	项目名称		浆砌块石		
定额编号		30032			定额单位	100m³ 砌体方
施工方法						
编号	名称	单位	数量	单价/元		合价/元
一	直接费	元				17938.23
（一）	基本直接费	元				16970.89
1	人工费	元				3720.79
	工长	工时	13.7	9.27		127.00
	高级工	工时				
	中级工	工时	243.3	6.62		1610.65
	初级工	工时	427.4	4.64		1983.14
2	材料费	元				12905.23
	块石	m³	108	70		7560.00
	M10 水泥砂浆	m³	34	155.324		5281.02
	其他材料费	％	0.5	12841.02		64.21
3	机械使用费	元				344.87
	砂浆搅拌机 0.4m³	台时	6.3	33.89		213.51
	胶轮车	台时	160.19	0.82		131.36
（二）	其他直接费	％	5.7	16970.89		967.34
二	间接费	％	10.5	17938.23		1883.51
三	利润	％	7	19821.74		1387.52
四	材料补差	元				21636.75
	块石	m³	81.6	165.00		13464.00
	M10 砂浆	m³	34	240.375		8172.75
五	税金	％	9	42846.01		3856.14
六	合计	元				46702.15

附表 5.26　　　　建筑工程单价表——普通标准钢模板制作

单价编号	9	项目名称		普通标准钢模板制作	
定额编号		50062		定额单位	100m²
施工方法					
编号	名称	单位	数量	单价/元	合价/元
一	直接费	元			
(一)	基本直接费	元			789.09
1	人工费	元			78.45
	工长	工时	1.2	9.27	11.12
	高级工	工时	3.8	8.57	32.57
	中级工	工时	4.2	6.62	27.80
	初级工	工时	1.5	4.64	6.96
2	材料费	元			677.85
	组合钢模板	kg	81	4.2	340.20
	型钢	kg	44	3.87	170.28
	卡扣件	kg	26	5.5	143.00
	铁件	kg	2	4.3	8.60
	电焊条	kg	0.6	4.14	2.48
	其他材料费	%	2	664.56	13.29
3	机械使用费	元			32.79
	钢筋切断机 20kW	台时	0.07	29.73	2.08
	载重汽车 5t	台时	0.37	47.59	17.61
	电焊机 25kVA	台时	0.72	16.03	11.54
	其他机械费	%	5	31.23	1.56

附表 5.27　　　　建筑工程单价表——普通标准钢模板制安

单价编号	10	项目名称		普通标准钢模板制安	
定额编号		50001		定额单位	100m²
施工方法		模板安装、拆除、除灰、刷脱模剂，维修、倒仓			
编号	名称	单位	数量	单价/元	合价/元
一	直接费	元			4364.00
(一)	基本直接费	元			4128.67
1	人工费	元			1707.97
	工长	工时	17.5	9.27	162.23

续表

编号	名称	单位	数量	单价/元	合价/元
	高级工	工时	85.2	8.57	730.16
	中级工	工时	123.2	6.62	815.58
	初级工	工时			
2	材料费	元			1488.76
	模板	kg	100	7.8909	789.09
	铁件	kg	124	4.30	533.20
	预制混凝土柱	kg	0.3	430.00	129.00
	电焊条	kg	2	4.14	8.28
	其他材料费	%	2	1459.57	29.19
3	机械使用费	元			931.94
	汽车起重机 5t	台时	14.6	58.53	854.54
	电焊机 25kVA	台时	2.06	16.03	33.02
	其他机械费	%	5	887.56	44.38
（二）	其他直接费	%	5.7	4128.67	235.33
二	间接费	%	6	4364.00	261.84
三	利润	%	7	4625.84	323.81
四	材料补差	元			508.87
	汽油	kg	87.36	5.825	508.87
五	税金	%	9	5458.52	491.27
六	合计	元			5949.79

附表 5.28　　建筑工程单价表——矩形涵洞模板制作

单价编号	11	项目名称		矩形涵洞模板制作	
定额编号		50097		定额单位	100m²
施工方法		木模板及钢架制作、铁件制作、模板运输			
编号	名称	单位	数量	单价/元	合价/元
一	直接费	元			
（一）	基本直接费	元			2437.35
1	人工费	元			194.24
	工长	工时	1.9	9.27	17.61
	高级工	工时	5.7	8.57	48.85

续表

编号	名称	单位	数量	单价/元	合价/元
	中级工	工时	17.2	6.62	113.86
	初级工	工时	3	4.64	13.92
2	材料费	元			2163.89
	锯材	m³	0.6	2300	1380.00
	组合钢模板	kg	72	4.2	302.40
	型钢	kg	64	3.87	247.68
	卡扣件	kg	32	5.5	176.00
	铁件	kg	3	4.3	12.90
	电焊条	kg	0.6	4.14	2.48
	其他材料费	%	2	2121.46	42.43
3	机械使用费	元			79.22
	圆盘锯	台时	0.87	24.89	21.65
	双面刨床	台时	0.85	20.20	17.17
	型钢剪断机 13kW	台时	0.11	32.79	3.61
	钢筋切断机 20kW	台时	0.04	29.73	1.19
	钢筋弯曲机 $\phi6\sim40$	台时	0.1	17.01	1.70
	载重汽车 5t	台时	0.35	47.59	16.66
	电焊机 25kVA	台时	0.84	16.03	13.47
	其他机械费	%	5	75.45	3.77

附表 5.29　　　　**建筑工程单价表——涵洞模板制安**

单价编号	12	项目名称		涵洞模板制安	
定额编号		50001		定额单位	100m²
施工方法		模板安装、拆除、除灰、刷脱模剂，维修、倒仓			
编号	名称	单位	数量	单价/元	合价/元
一	直接费	元			6294.77
（一）	基本直接费	元			5955.32
1	人工费	元			2207.68
	工长	工时	19.8	9.27	183.55
	高级工	工时	55.2	8.57	473.06
	中级工	工时	234.3	6.62	1551.07

编号	名称	单位	数量	单价/元	合价/元
	初级工	工时			
2	材料费	元			2921.41
	模板	kg	100	24.3735	2437.35
	铁件	kg	78	4.30	335.40
	预制混凝土柱	kg	0.2	430.00	86.00
	电焊条	kg	1.3	4.14	5.38
	其他材料费	%	2	2864.13	57.28
3	机械使用费	元			826.23
	汽车起重机 5t	台时	12.88	58.53	753.87
	电焊机 25kVA	台时	2.06	16.03	33.02
	其他机械费	%	5	786.89	39.34
（二）	其他直接费	%	5.7	5955.32	339.45
二	间接费	%	6	6294.77	377.69
三	利润	%	7	6672.46	467.07
四	材料补差	元			449.92
	汽油	kg	77.24	5.825	449.92
五	税金	%	9	7589.45	683.05
六	合计	元			8272.50

附表 5.30　　建筑工程单价表——人工铺筑砂石垫层

单价编号	13	项目名称		人工铺筑砂石垫层	
定额编号	30001			定额单位	100m³
施工方法	填筑砂石料、压实、修坡				
编号	名称	单位	数量	单价/元	合价/元
一	直接费	元			10161.88
（一）	基本直接费	元			9613.89
1	人工费	元			2402.49
	工长	工时	10.2	9.27	94.55
	高级工	工时			
	中级工	工时			
	初级工	工时	497.4	4.64	2307.94

续表

编号	名称	单位	数量	单价/元	合价/元
2	材料费	元			7211.40
	碎（卵）石	m³	102	70	7140.00
	其他材料费	%	1	7140	71.40
3	机械使用费	元			
（二）	其他直接费	%	5.7	9613.89	547.99
二	间接费	%	9	10161.88	914.57
三	利润	%	7	11076.45	775.35
四	材料补差	元			16320.00
	碎（卵）石	m³	102	160.00	16320.00
五	税金	%	9	28171.80	2535.46
六	合计	元			30707.26

附表 5.31　　　建筑工程单价表——混凝土拌制

单价编号	14	项目名称		混凝土拌制	
定额编号		40171		定额单位	100m³
施工方法		搅拌机拌制混凝土			

编号	名称	单位	数量	单价/元	合价/元
一	直接费	元			
（一）	基本直接费	元			2229.35
1	人工费	元			1611.25
	工长	工时			
	高级工	工时			
	中级工	工时	126.2	6.62	835.44
	初级工	工时	167.2	4.64	775.81
2	材料费	元			43.71
	零星材料费	%	2	2185.64	43.71
3	机械使用费	元			574.39
	搅拌机 0.4m³	台时	18.9	26.61	502.93
	胶轮车	台时	87.15	0.82	71.46

附表 5.32　　　　　　建筑工程单价表——混凝土运输

单价编号	15	项目名称		混凝土运输	
定额编号		40182		定额单位	100m³
施工方法		胶轮车运输混凝土			
编号	名称	单位	数量	单价/元	合价/元
一	直接费	元			
（一）	基本直接费	元			897.63
1	人工费	元			745.65
	工长	工时			
	高级工	工时			
	中级工	工时			
	初级工	工时	160.7	4.64	745.65
2	材料费	元			50.81
	零星材料费	%	6	846.82	50.81
3	机械使用费	元			101.17
	胶轮车	台时	123.38	0.82	101.17

附表 5.33　　　　　　建筑工程单价表——C15 护底

单价编号	16	项目名称		C15 护底	
定额编号		40057		定额单位	100m³
施工方法					
编号	名称	单位	数量	单价/元	合价/元
一	直接费	元			32523.72
（一）	基本直接费	元			30769.84
1	人工费	元			3507.48
	工长	工时	17.6	9.27	163.15
	高级工	工时	23.4	8.57	200.54
	中级工	工时	310.6	6.62	2056.17
	初级工	工时	234.4	4.64	1087.62
2	材料费	元			22821.23
	混凝土	m³	112	200	22400.00
	水	m³	133	3	399.00
	零星材料费	%	0.5	4446.37	22.23

续表

编号	名称	单位	数量	单价/元	合价/元
3	机械使用费	元			938.89
	振动器 1.1kW	台时	45.84	2.25	103.14
	风水枪	台时	17.08	47.33	808.40
	其他机械费	%	3	911.54	27.35
4	混凝土拌制	m³	112	22.29	2496.48
	混凝土运输	m³	112	8.98	1005.76
（二）	其他直接费	%	5.7	30769.84	1753.88
二	间接费	%	9.5	32523.72	3089.75
三	利润	%	7	35613.47	2492.94
四	材料补差	元			35280.00
	混凝土	m³	112	315.00	35280.00
五	税金	%	9	73386.41	6604.78
六	合计	元			79991.19

附表 5.34　　　　　　　建筑工程单价表——C30 底板

单价编号	17	项目名称		C30 底板	
定额编号		40057		定额单位	100m³
施工方法					
编号	名称	单位	数量	单价/元	合价/元
一	直接费	元			71945.59
（一）	基本直接费	元			68065.84
1	人工费	元			3507.48
	工长	工时	17.6	9.27	163.15
	高级工	工时	23.4	8.57	200.54
	中级工	工时	310.6	6.62	2056.17
	初级工	工时	234.4	4.64	1087.62
2	材料费	元			60117.23
	混凝土	m³	112	533.00	59696.00
	水	m³	133	3.00	399.00
	零星材料费	%	0.5	4446.37	22.23

续表

编号	名称	单位	数量	单价/元	合价/元
3	机械使用费	元			938.89
	振动器 1.1kW	台时	45.84	2.25	103.14
	风水枪	台时	17.08	47.33	808.40
	其他机械费	%	3	911.54	27.35
4	混凝土拌制	m³	112	22.29	2496.48
	混凝土运输	m³	112	8.98	1005.76
（二）	其他直接费	%	5.7	68065.84	3879.75
二	间接费	%	9.5	71945.59	6834.83
三	利润	%	7	78780.42	5514.63
四	材料补差	元			37296.00
	混凝土	m³	112	333.00	37296.00
五	税金	%	9	121591.05	10943.19
六	合计	元			132534.24

附表 5.35   建筑工程单价表——C30 挡墙

单价编号	18	项目名称		C30 挡墙	
定额编号		40068		定额单位	100m³
施工方法					
编号	名称	单位	数量	单价/元	合价/元
一	直接费	元			32465.03
（一）	基本直接费	元			30714.31
1	人工费	元			2981.12
	工长	工时	14.5	9.27	134.42
	高级工	工时	33.9	8.57	290.52
	中级工	工时	270.9	6.62	1793.36
	初级工	工时	164.4	4.64	762.82
2	材料费	元			22378.80
	混凝土	m³	107	200.00	21400.00
	水	m³	180	3.00	540.00
	其他材料费	%	2	21940.00	438.80

续表

编号	名称	单位	数量	单价/元	合价/元
3	机械使用费	元			2008.50
	混凝土泵 30m³/h	台时	11.03	92.19	1016.86
	振动器 1.1kW	台时	54.05	2.25	121.61
	风水枪	台时	13.5	47.33	638.96
	其他机械费	%	13	1777.43	231.07
4	混凝土拌制	m³	107	22.29	2385.03
	混凝土运输	m³	107	8.98	960.86
（二）	其他直接费	%	5.7	30714.31	1750.72
二	间接费	%	7	32465.03	2272.55
三	利润	%	7	34737.58	2431.63
四	材料补差	元			35631.00
	混凝土	m³	107	333.00	35631.00
五	税金	%	9	72800.21	6552.02
六	合计	元			79352.23

附表 5.36　　　　建筑工程单价表——C30 现浇顶板

单价编号	19	项目名称			C30 现浇顶板	
定额编号		40112			定额单位	100m³
施工方法						
编号	名称	单位	数量	单价/元	合价/元	
一	直接费	元			41670.49	
（一）	基本直接费	元			39423.36	
1	人工费	元			13569.02	
	工长	工时	85.8	9.27	795.37	
	高级工	工时	278.9	8.57	2390.17	
	中级工	工时	1072.4	6.62	7099.29	
	初级工	工时	707.8	4.64	3284.19	
2	材料费	元			23410.47	
	钢模板	kg	69	4.50	310.50	
	铁件	kg	12	4.30	51.60	

续表

编号	名称	单位	数量	单价/元	合价/元
	混凝土	m³	92	200.00	18400.00
	水泥砂浆	m³	18	155.324	3756.58
	水	m³	220	3.00	660.00
	其他材料费	%	1	23178.68	231.79
3	机械使用费	元			717.67
	搅拌机 0.4m³	台时	17.35	26.61	461.68
	胶轮车	台时	87.7	0.82	71.91
	载重汽车 5t	台时	0.98	47.59	46.64
	平板振动器 2.2kW	台时	22.68	3.99	90.49
	其他机械费	%	7	670.72	46.95
4	预制板运输	m³	90	19.18	1726.20
（二）	其他直接费	%	5.7	39423.36	2247.13
二	间接费	%	7	41670.49	2916.93
三	利润	%	7	44587.42	3121.12
四	材料补差	元			34043.12
	混凝土	m³	92	333.00	30636.00
	水泥砂浆	m³	18	240.38	3366.00
	汽油	kg	7.06	5.825	41.12
五	税金	%	9	81751.66	7357.65
六	合计	元			89109.31

附表 5.37　　　　建筑工程单价表——预制板运输

单价编号	20	项目名称		预制板运输	
定额编号	40260＋40261×6			定额单位	100m³
施工方法	人工装车				
编号	名称	单位	数量	单价/元	合价/元
一	直接费	元			
（一）	基本直接费	元			1917.72
1	人工费	元			1623.54
	工长	工时			

续表

编号	名称	单位	数量	单价/元	合价/元
	高级工	工时			
	中级工	工时			
	初级工	工时	349.9	4.64	1623.54
2	材料费	元			73.76
	零星材料费	%	4	1843.96	73.76
3	机械使用费	元			220.42
	胶轮车	台时	268.8	0.82	220.42

附表 5.38　建筑工程单价表——C30 混凝土盖板预制及砌筑

单价编号	21	项目名称		C30 混凝土盖板预制及砌筑	
定额编号		40109		定额单位	100m³
施工方法					

编号	名称	单位	数量	单价/元	合价/元
一	直接费	元			47764.11
（一）	基本直接费	元			45188.37
1	人工费	元			17775.22
	工长	工时	112.4	9.27	1041.95
	高级工	工时	365.3	8.57	3130.62
	中级工	工时	1404.9	6.62	9300.44
	初级工	工时	927.2	4.64	4302.21
2	材料费	元			24895.67
	钢模板	kg	107	4.50	481.50
	铁件	kg	23	4.30	98.90
	混凝土	m³	92	200.00	18400.00
	M10 水泥砂浆	m³	24	155.324	5008.78
	水	m³	220	3.00	660.00
	其他材料费	%	1	24649.18	246.49
3	机械使用费	元			791.28
	搅拌机 0.4m³	台时	17.35	26.61	461.68
	胶轮车	台时	87.7	0.82	71.91

编号	名称	单位	数量	单价/元	合价/元
	载重汽车 5t	台时	1.51	47.59	71.86
	平板振动器 2.2kW	台时	33.6	3.99	134.06
	其他机械费	%	7	739.51	51.77
4	预制板运输	m³	90	19.18	1726.20
（二）	其他直接费	%	5.7	45188.37	2575.74
二	间接费	%	7	47764.11	3343.49
三	利润	%	7	51107.60	3577.53
四	材料补差	元			35187.33
	混凝土	m³	92	333.00	30636.00
	水泥砂浆	m³	24	240.38	4488.00
	汽油	kg	10.87	5.825	63.33
五	税金	%	9	89872.46	8088.52
六	合计	元			97960.98

附表 5.39　　建筑工程单价表——651 型橡胶止水带

单价编号	22	项目名称		651 型橡胶止水带	
定额编号		40127		定额单位	100 延长米
施工方法					
编号	名称	单位	数量	单价/元	合价/元
一	直接费	元			5364.40
（一）	基本直接费	元			5075.12
1	人工费	元			1151.27
	工长	工时	8.4	9.27	77.87
	高级工	工时	58.9	8.57	504.77
	中级工	工时	50.5	6.62	334.31
	初级工	工时	50.5	4.64	234.32
2	材料费	元			3923.85
	橡胶止水带	m	105	37.00	3885.00
	其他材料费	%	1	3885.00	38.85
3	机械使用费	元			

续表

编号	名称	单位	数量	单价/元	合价/元
（二）	其他直接费	%	5.7	5075.12	289.28
二	间接费	%	9.5	5364.40	509.62
三	利润	%	7	5874.02	411.18
四	价差				
五	税金	%	9	6285.20	565.67
六	合计	元			6850.87

附表 5.40　　　　建筑工程单价表——ϕ1000 混凝土涵管

单价编号	23	项目名称		ϕ1000 混凝土涵管	
定额编号		40084		定额单位	100m
施工方法					
编号	名称	单位	数量	单价/元	合价/元
一	直接费	元			33972.37
（一）	基本直接费	元			32140.37
1	人工费	元			5142.14
	工长	工时	25	9.27	231.75
	高级工	工时	58.4	8.57	500.49
	中级工	工时	467.3	6.62	3093.53
	初级工	工时	283.7	4.64	1316.37
2	材料费	元			21257.76
	混凝土	m³	103	200.00	20600.00
	水	m³	184	3.00	552.00
	其他材料费	%	0.5	21152.00	105.76
3	机械使用费	元			2519.66
	振动器 1.1kW	台时	46.2	2.25	103.95
	风水枪	台时	46.2	47.33	2186.65
	其他机械费	%	10	2290.60	229.06
4	混凝土拌制	m³	103	22.29	2295.87
	混凝土运输	m³	103	8.98	924.94
（二）	其他直接费	%	5.7	32140.37	1832.00

编号	名称	单位	数量	单价/元	合价/元
二	间接费	%	9.5	33972.37	3227.38
三	利润	%	7	37199.75	2603.98
四	材料补差	元			
五	税金	%	9	39803.73	3582.34
六	合计	元			43386.07

附表 5.41　　　　建筑工程单价表——钢筋制作与安装

单价编号	24	项目名称		钢筋制作与安装	
定额编号		40123		定额单位	t
施工方法					

编号	名称	单位	数量	单价/元	合价/元
一	直接费	元			4144.13
(一)	基本直接费	元			3920.65
1	人工费	元			731.09
	工长	工时	10.6	9.27	98.26
	高级工	工时	29.7	8.57	254.53
	中级工	工时	37.1	6.62	245.60
	初级工	工时	28.6	4.64	132.70
2	材料费	元			2814.74
	钢筋	t	1.07	2560.00	2739.20
	铁丝	kg	4	4.30	17.20
	电焊条	kg	7.36	4.14	30.47
	其他材料费	%	1	2786.87	27.87
3	机械使用费	元			374.82
	钢筋调直机 14kW	台时	0.63	20.57	12.96
	风砂枪	台时	1.58	47.33	74.78
	钢筋切断机 20kW	台时	0.42	29.73	12.49
	钢筋弯曲机 $\phi6\sim40$	台时	1.1	17.01	18.71
	电焊机 25kVA	台时	10.5	16.03	168.32
	电弧对焊机 150 型	台时	0.42	109.11	45.83
	载重汽车 5t	台时	0.47	47.59	22.37
	塔式起重机 10t	台时	0.11	109.22	12.01

续表

编号	名称	单位	数量	单价/元	合价/元
	其他机械费	%	2	367.47	7.35
（二）	其他直接费	%	5.7	3920.65	223.48
二	间接费	%	5	4144.13	207.21
三	利润	%	7	4351.34	304.59
四	材料补差	元			1453.49
	钢筋	t	1.07	1340.00	1433.80
	汽油	kg	3.38	5.825	19.69
五	税金	%	9	6109.42	549.85
六	合计	元			6659.27

附表 5.42　建筑工程单价表——施工道路（泥结碎石路面 15cm 厚）

单价编号	25		项目名称	施工道路（泥结碎石路面 15cm 厚）	
定额编号		90020－90021×5		定额单位	1000m²
施工方法					

编号	名称	单位	数量	单价/元	合价/元
一	直接费	元			16937.88
（一）	基本直接费	元			16024.48
1	人工费	元			2033.69
	工长	工时	9	9.27	83.43
	高级工	工时			
	中级工	工时	139	6.62	920.18
	初级工	工时	222	4.64	1030.08
2	材料费	元			13358.96
	碎石	m³	174	70.00	12180.00
	黏土	m³	44.5	25.00	1112.50
	其他材料费	%	0.5	13292.50	66.46
3	机械使用费	元			631.83
	内燃压路机 12～15t	台时	10.3	60.14	619.44
	其他机械费	%	2	619.44	12.39
（二）	其他直接费	%	5.7	16024.48	913.40
二	间接费	%	7	16937.88	1185.65
三	利润	%	7	18123.53	1268.65

续表

编号	名称	单位	数量	单价/元	合价/元
四	材料补差	元			28093.07
	碎石	m³	174	160.00	27840.00
	柴油	kg	66.95	3.78	253.07
五	税金	%	9	47485.25	4273.67
六	合计	元			51758.92

附表 5.43　　　安装工程单价表——拦污栅

单价编号	1		项目名称			拦污栅
定额编号	A12074×1.83			定额单位		台
施工方法	拦污栅安装					

编号	名称及规格	单位	数量	单价/元	合价/元
一	直接费	元			1020.39
(一)	基本直接费	元			958.11
1	人工费	元			396.92
	工长	工时	3.66	9.27	33.93
	高级工	工时	14.64	8.57	125.46
	中级工	工时	25.62	6.62	169.60
	初级工	工时	14.64	4.64	67.93
2	材料费	元			99.04
	油漆	kg	3.66	18.99	69.50
	黄油	kg	1.83	9.08	16.62
	其他材料费	%	15	86.12	12.92
3	机械使用费	元			462.15
	门座式起重机 10/30t 高架	台时	1.647	244.00	401.87
	其他机械费	%	15	401.87	60.28
(二)	其他直接费	%	6.5	958.11	62.28
二	间接费	%	70	1020.39	714.27
三	利润	%	7	1734.66	121.43
四	价差				
五	税金	%	9	1856.09	167.05
六	合计	元			2023.14

附录 1 水利工程营业税改征增值税计价依据调整办法

办水总〔2016〕132 号

根据《财政部 国家税务总局关于全面推开营业税改征增值税试点的通知》（财税〔2016〕36 号）、《住房城乡建设部办公厅关于做好建筑业营改增建设工程计价依据调整准备工作的通知》（建办标〔2016〕4 号）等文件要求，结合水利工程实际情况，制订本办法。

本办法包括工程部分和水土保持工程部分，工程部分作为水利部水总〔2014〕429 号文发布的《水利工程设计概（估）算编制规定》（工程部分）等现行计价依据的补充规定，水土保持工程部分作为水利部水〔2003〕67 号文发布的《水土保持工程工程概（估）算编制规定》等现行计价依据的补充规定。

一、工程部分

（一）费用构成

1. 建筑及安装工程费由直接费、间接费、利润、材料补差及税金组成，营业税改征增值税后，税金指增值税销项税额，间接费增加城市维护建设税、教育费附加和地方教育附加，并计入企业管理费。

2. 按"价税分离"的计价规则计算建筑及安装工程费，即直接费（含人工费、材料费、施工机械使用费和其他直接费）、间接费、利润、材料补差均不包含增值税进项税额，并以此为基础计算增值税税金。

3. 水利工程设备费用、独立费用的计价规则和费用标准暂不调整。

（二）编制方法与计算标准

1. 基础单价编制

（1）人工预算单价

人工预算单价与现行计算标准相同。

（2）材料预算价格

材料原价、运杂费、运输保险费和采购及保管费等分别按不含增值税进项税额的价格计算。

采购及保管费，按现行计算标准乘以 1.10 调整系数。

主要材料基价按表1调整。

表1　　　　　　　　　主 要 材 料 基 价 表

序号	材料名称	单位	基价/元
1	柴 油	t	2990
2	汽 油	t	3075
3	钢 筋	t	2560
4	水 泥	t	255
5	炸 药	t	5150

（3）施工用电、风、水价格

1）施工用电价格

电网供电价格中的基本电价应不含增值税进项税额；柴油发电机供电价格中的柴油发电机组（台）时总费用应按调整后的施工机械台时费定额和不含增值税进项税额的基础价格计算；其他内容和标准不变。

2）施工用水、用风价格

施工用水、用风价格中的机械组（台）时总费用应按调整后的施工机械台时费定额和不含增值税进项税额的基础价格计算，其他内容和标准不变。

（4）施工机械使用费

按调整后的施工机械台时费定额和不含增值税进项税额的基础价格计算。

施工机械台时费定额的折旧费除以1.15调整系数，修理及替换设备费除以1.11调整系数，安装拆卸费不变。

掘进机及其他由建设单位采购、设备费单独列项的施工机械，台时费中不计折旧费，设备费除以1.17调整系数。

（5）砂石料单价

自采砂石料单价根据料源情况、开采条件和工艺流程按相应定额和不含增值税进项税额的基础价格进行计算，并计取间接费、利润及税金。

自采砂石料按不含税金的单价参与工程费用计算。

外购砂石料价格不包含增值税进项税额，基价70元/m³不变。

（6）混凝土材料单价

混凝土材料单价按混凝土配合比中各项材料的数量和不含增值税进项税额的材料价格进行计算。

商品混凝土单价采用不含增值税进项税额的价格，基价200元/m³不变。

（7）未计价材料价格

建筑及安装工程未计价材料采用不含增值税进项税额的价格。

2. 其他直接费

计算标准不变。

3. 间接费

按表2标准调整。

表2　　　　　　　　　　间　接　费　费　率　表

序号	工程类别	计算基础	间接费费率/%		
			枢纽工程	引水工程	河道工程
一	建筑工程				
1	土方工程	直接费	8.5	5~6	4~5
2	石方工程	直接费	12.5	10.5~11.5	8.5~9.5
3	砂石备料工程（自采）	直接费	5	5	5
4	模板工程	直接费	9.5	7~8.5	6~7
5	混凝土浇筑工程	直接费	9.5	8.5~9.5	7~8.5
6	钢筋制安工程	直接费	5.5	5	5
7	钻孔灌浆工程	直接费	10.5	9.5~10.5	9.25
8	锚固工程	直接费	10.5	9.5~10.5	9.25
9	疏浚工程	直接费	7.25	7.25	6.25~7.25
10	掘进机施工隧洞工程（1）	直接费	4	4	4
11	掘进机施工隧洞工程（2）	直接费	6.25	6.25	6.25
12	其他工程	直接费	10.5	8.5~9.5	7.25
二	机电、金属结构设备安装工程	人工费	75	70	70

4. 利润

计算标准不变。

5. 税金

税金指应计入建筑安装工程费用内的增值税销项税额，税率为11%。

自采砂石料税率为3%。

6. 其他

水工建筑工程细部结构指标暂不做调整。

建筑工程定额、安装工程定额中以费率形式（%）表示的其他材料费、其他机械费费率不做调整。

以费率形式（%）表示的安装工程定额，其人工费费率不变，材料费费率除以 1.03 调整系数，机械使用费费率除以 1.10 调整系数，装置性材料费费率除以 1.17 调整系数。计算基数不变，仍为含增值税的设备费。

（三）概（估）算编制

前期工作阶段编制概（估）算文件时，材料价格应采用发布的不含税信息价格或市场调研的不含税价格。过渡阶段采用含税价格编制概（估）算文件时，项目审批前应按本办法调整概（估）算成果，其中材料价格可以采用将含税价格除以调整系数的方式调整为不含税价格，调整方法如下：

1. 材料原价

（1）主要材料除以 1.17 调整系数，主要材料指水泥、钢筋、柴油、汽油、炸药、木材、引水管道、安装工程的电缆、轨道、钢板等未计价材料、其他占工程投资比例高的材料。

（2）次要材料除以 1.03 调整系数。

（3）购买的砂、石料、土料暂按除以 1.02 调整系数。

（4）商品混凝土除以 1.03 调整系数。

2. 运杂费

按原金额标准计算的运杂费除以 1.03 调整系数，按费率计算运杂费时费率乘以 1.10 调整系数。

二、水土保持工程部分

（一）调整原则

1. 工程单价

（1）开发建设项目

工程措施和植物措施费按"价税分离"的计价规则计算，工程措施和植物措施单价分析程式不变，税前工程单价为人工费、材料费、施工机械使用费、其他直接费、现场经费、间接费、利润之和，各费用项目均以不包含增值税进项税额的价格计算。设备安装费率暂不做调整。

（2）生态建设工程

工程措施、林草措施费和封育治理措施按"价税分离"的计价规则计算，工程措施、林草措施和封育治理措施单价分析程式不变，税前工程单价为人工费、材料费、施工机械使用费、其他直接费、间接费、利润之和，各费用项目均以不包含增值税进项税额的价格计算。设备安装费率暂不做调整。

2. 有关费用

水土保持工程设备费，苗木、草、种子费和独立费用计价规则和费用标准暂不做调整。

（二）费用构成

1. 除本办法另有规定外，营业税改征增值税后开发建设项目和生态建设工程水土保持工程费用构成与水总〔2003〕67号文费用构成内容一致。

2.间接费中的企业管理费在工程措施和植物措施费用构成的原组成内容基础上,增加城市维护建设税、教育费附加以及地方教育附加。

3.工程措施、植物措施费(林草措施)和封育治理措施的税金是指按国家有关规定应计入其费用内的增值税销项税额。

(三)编制方法与计算标准

1.人工预算单价

人工预算单价按现行标准执行,暂不做调整。

2.材料预算价格

材料预算价格根据其组成内容,按材料原价、包装费、运输保险费、运杂费、采购及保管费和包装品回收等分别以不含相应增值税的价格计算。

开发建设项目:工程措施材料采购及保管费费率调整为2.3%,植物措施材料采购及保管费费率调整为0.55%～1.1%。

生态建设工程:工程措施材料采购及保管费费率调整为1.7%～2.3%,林草措施、封育治理措施材料采购及保管费费率调整为1.1%。

3.施工用电、水、风价格

(1)施工用电价格

开发建设项目:电网供电价格中的基本电价为不含增值税价格;柴油发电机供调电价格中的柴油发电机组(台)时总费用应按调整后的施工机械台时费定额和不含增值税的基础价格计算;其他内容不做调整。

生态建设工程:电价暂不做调整,或按当地不含增值税的实际价格计算。

(2)施工用水、用风价格

开发建设项目:施工用水、用风价格中的机械组(台)时总费用应按调整后的施工机械台时费定额和不含增值税的基础价格计算;其他内容不做调整。

生态建设工程:水价、风价均不做调整,或按当地不含增值税的实际价格计算。

4.施工机械台时费

按调整后的施工机械台时费定额和不含增值税的基础价格计算。

施工机械台时费定额的折旧费除以1.17调整系数,修理及替换设备费除以1.11调整系数,安装拆卸费不变。

5.砂石料单价

外购砂、碎石(砾石)、块石、料石等应按不含增值税的价格计算,其最高限价按60元/m³计取。自采砂石料单价应分解为原料开采、筛洗加工、成品骨料运输等工序,按相应定额和不含增值税的基础价格进行计算。

6.混凝土单价

混凝土材料单价应按混凝土配合比中各项材料的数量和不含增值税的价格

进行计算。

7. 其他直接费

计算标准不变。

8. 现场经费

计算标准不变。

9. 间接费

开发建设项目、生态建设工程间接费费率按表3标准调整。

表3　　　　　　　　　间 接 费 费 率 表

序号	工程类别	计算基础	间接费费率/%
一	开发建设项目		
（一）	工程措施		
1	土石方工程	直接工程费	3.3~5.5
2	混凝土工程	直接工程费	4.3
3	基础处理工程	直接工程费	6.5
4	其他工程	直接工程费	4.4
（二）	植物措施	直接工程费	3.3
二	生态建设工程		
（一）	工程措施	直接费	5.5~7.6
（二）	林草措施	直接费	5.5
（三）	封育治理措施	直接费	4.4

10. 利润

计算标准不变。

11. 税金

税金按增值税税率11%计算。

12. 概算定额

概算定额中以费率形式（%）表示的其他材料费（零星材料费）、其他机械使用费（其他机械费）暂不做调整。飞机播种林草定额中的飞机费用按不含增值税的价格计算。

附录2 关于调整增值税税率的通知

财税〔2018〕32 号

各省、自治区、直辖市、计划单列市财政厅（局）、国家税务局、地方税务局、新疆生产建设兵团财政局：

为完善增值税制度，现将调整增值税税率有关政策通知如下：

一、纳税人发生增值税应税销售行为或者进口货物，原适用 17％和 11％税率的，税率分别调整为 16％、10％。

二、纳税人购进农产品，原适用 11％扣除率的，扣除率调整为 10％。

三、纳税人购进用于生产销售或委托加工 16％税率货物的农产品，按照 12％的扣除率计算进项税额。

四、原适用 17％税率且出口退税率为 17％的出口货物，出口退税率调整至 16％。原适用 11％税率且出口退税率为 11％的出口货物、跨境应税行为，出口退税率调整至 10％。

五、外贸企业 2018 年 7 月 31 日前出口的第四条所涉货物、销售的第四条所涉跨境应税行为，购进时已按调整前税率征收增值税的，执行调整前的出口退税率；购进时已按调整后税率征收增值税的，执行调整后的出口退税率。生产企业 2018 年 7 月 31 日前出口的第四条所涉货物、销售的第四条所涉跨境应税行为，执行调整前的出口退税率。

调整出口货物退税率的执行时间及出口货物的时间，以出口货物报关单上注明的出口日期为准，调整跨境应税行为退税率的执行时间及销售跨境应税行为的时间，以出口发票的开具日期为准。

六、本通知自 2018 年 5 月 1 日起执行。此前有关规定与本通知规定的增值税税率、扣除率、出口退税率不一致的，以本通知为准。

七、各地要高度重视增值税税率调整工作，做好实施前的各项准备以及实施过程中的监测分析、宣传解释等工作，确保增值税税率调整工作平稳、有序推进。如遇问题，请及时上报财政部和税务总局。

财政部　税务总局
2018 年 4 月 4 日

附录3 关于深化增值税改革有关政策的公告

财政部 税务总局 海关总署公告 2019 年第 39 号

为贯彻落实党中央、国务院决策部署，推进增值税实质性减税，现将 2019 年增值税改革有关事项公告如下：

一、增值税一般纳税人（以下称纳税人）发生增值税应税销售行为或者进口货物，原适用 16％税率的，税率调整为 13％；原适用 10％税率的，税率调整为 9％。

二、纳税人购进农产品，原适用 10％扣除率的，扣除率调整为 9％。纳税人购进用于生产或者委托加工 13％税率货物的农产品，按照 10％的扣除率计算进项税额。

三、原适用 16％税率且出口退税率为 16％的出口货物劳务，出口退税率调整为 13％；原适用 10％税率且出口退税率为 10％的出口货物、跨境应税行为，出口退税率调整为 9％。

2019 年 6 月 30 日前（含 2019 年 4 月 1 日前），纳税人出口前款所涉货物劳务、发生前款所涉跨境应税行为，适用增值税免退税办法的，购进时已按调整前税率征收增值税的，执行调整前的出口退税率，购进时已按调整后税率征收增值税的，执行调整后的出口退税率；适用增值税免抵退税办法的，执行调整前的出口退税率，在计算免抵退税时，适用税率低于出口退税率的，适用税率与出口退税率之差视为零参与免抵退税计算。

出口退税率的执行时间及出口货物劳务、发生跨境应税行为的时间，按照以下规定执行：报关出口的货物劳务（保税区及经保税区出口除外），以海关出口报关单上注明的出口日期为准；非报关出口的货物劳务、跨境应税行为，以出口发票或普通发票的开具时间为准；保税区及经保税区出口的货物，以货物离境时海关出具的出境货物备案清单上注明的出口日期为准。

四、适用 13％税率的境外旅客购物离境退税物品，退税率为 11％；适用 9％税率的境外旅客购物离境退税物品，退税率为 8％。

2019 年 6 月 30 日前，按调整前税率征收增值税的，执行调整前的退税率；按调整后税率征收增值税的，执行调整后的退税率。

退税率的执行时间，以退税物品增值税普通发票的开具日期为准。

五、自 2019 年 4 月 1 日起，《营业税改征增值税试点有关事项的规定》（财税〔2016〕36 号印发）第一条第（四）项第 1 点、第二条第（一）项第 1 点停止执行，纳税人取得不动产或者不动产在建工程的进项税额不再分 2 年抵扣。此前按照上述规定尚未抵扣完毕的待抵扣进项税额，可自 2019 年 4 月税款所属期起从销项税额中抵扣。

六、纳税人购进国内旅客运输服务，其进项税额允许从销项税额中抵扣。

（一）纳税人未取得增值税专用发票的，暂按照以下规定确定进项税额：

1. 取得增值税电子普通发票的，为发票上注明的税额；

2. 取得注明旅客身份信息的航空运输电子客票行程单的，为按照下列公式计算进项税额：

航空旅客运输进项税额＝（票价＋燃油附加费）÷（1＋9％）×9％

3. 取得注明旅客身份信息的铁路车票的，为按照下列公式计算的进项税额：

铁路旅客运输进项税额＝票面金额÷（1＋9％）×9％

4. 取得注明旅客身份信息的公路、水路等其他客票的，按照下列公式计算进项税额：

公路、水路等其他旅客运输进项税额＝票面金额÷（1＋3％）×3％

（二）《营业税改征增值税试点实施办法》（财税〔2016〕36 号印发）第二十七条第（六）项和《营业税改征增值税试点有关事项的规定》（财税〔2016〕36 号印发）第二条第（一）项第 5 点中"购进的旅客运输服务、贷款服务、餐饮服务、居民日常服务和娱乐服务"修改为"购进的贷款服务、餐饮服务、居民日常服务和娱乐服务"。

七、自 2019 年 4 月 1 日至 2021 年 12 月 31 日，允许生产、生活性服务业纳税人按照当期可抵扣进项税额加计 10％，抵减应纳税额（以下称加计抵减政策）。

（一）本公告所称生产、生活性服务业纳税人，是指提供邮政服务、电信服务、现代服务、生活服务（以下称四项服务）取得的销售额占全部销售额的比重超过 50％的纳税人。四项服务的具体范围按照《销售服务、无形资产、不动产注释》（财税〔2016〕36 号印发）执行。

2019 年 3 月 31 日前设立的纳税人，自 2018 年 4 月至 2019 年 3 月期间的销售额（经营期不满 12 个月的，按照实际经营期的销售额）符合上述规定条件的，自 2019 年 4 月 1 日起适用加计抵减政策。

2019 年 4 月 1 日后设立的纳税人，自设立之日起 3 个月的销售额符合上述规定条件的，自登记为一般纳税人之日起适用加计抵减政策。

纳税人确定适用加计抵减政策后，当年内不再调整，以后年度是否适用，根据上年度销售额计算确定。

纳税人可计提但未计提的加计抵减额，可在确定适用加计抵减政策当期一并计提。

（二）纳税人应按照当期可抵扣进项税额的 10％计提当期加计抵减额。按照现行规定不得从销项税额中抵扣的进项税额，不得计提加计抵减额；已计提加计抵减额的进项税额，按规定作进项税额转出的，应在进项税额转出当期，相应调减加计抵减额。计算公式如下：

当期计提加计抵减额＝当期可抵扣进项税额×10％

当期可抵减加计抵减额＝上期末加计抵减额余额＋当期计提加计抵减额－当期调减加计抵减额

（三）纳税人应按照现行规定计算一般计税方法下的应纳税额（以下称抵减前的应纳税额）后，区分以下情形加计抵减：

1. 抵减前的应纳税额等于零的，当期可抵减加计抵减额全部结转下期抵减；

2. 抵减前的应纳税额大于零，且大于当期可抵减加计抵减额的，当期可抵减加计抵减额全额从抵减前的应纳税额中抵减；

3. 抵减前的应纳税额大于零，且小于或等于当期可抵减加计抵减额的，以当期可抵减加计抵减额抵减应纳税额至零。未抵减完的当期可抵减加计抵减额，结转下期继续抵减。

（四）纳税人出口货物劳务、发生跨境应税行为不适用加计抵减政策，其对应的进项税额不得计提加计抵减额。

纳税人兼营出口货物劳务、发生跨境应税行为且无法划分不得计提加计抵减额的进项税额，按照以下公式计算：

不得计提加计抵减额的进项税额＝当期无法划分的全部进项税额×当期出口货物劳务和发生跨境应税行为的销售额÷当期全部销售额

（五）纳税人应单独核算加计抵减额的计提、抵减、调减、结余等变动情况。骗取适用加计抵减政策或虚增加计抵减额的，按照《中华人民共和国税收征收管理法》等有关规定处理。

（六）加计抵减政策执行到期后，纳税人不再计提加计抵减额，结余的加计抵减额停止抵减。

八、自 2019 年 4 月 1 日起，试行增值税期末留抵税额退税制度。

（一）同时符合以下条件的纳税人，可以向主管税务机关申请退还增量留抵税额：

1. 自 2019 年 4 月税款所属期起，连续六个月（按季纳税的，连续两个季度）增量留抵税额均大于零，且第六个月增量留抵税额不低于 50 万元；

2. 纳税信用等级为 A 级或者 B 级;

3. 申请退税前 36 个月未发生骗取留抵退税、出口退税或虚开增值税专用发票情形的;

4. 申请退税前 36 个月未因偷税被税务机关处罚两次及以上的;

5. 自 2019 年 4 月 1 日起未享受即征即退、先征后返(退)政策的。

(二)本公告所称增量留抵税额,是指与 2019 年 3 月底相比新增加的期末留抵税额。

(三)纳税人当期允许退还的增量留抵税额,按照以下公式计算:

允许退还的增量留抵税额=增量留抵税额×进项构成比例×60%

进项构成比例,为 2019 年 4 月至申请退税前一税款所属期内已抵扣的增值税专用发票(含税控机动车销售统一发票)、海关进口增值税专用缴款书、解缴税款完税凭证注明的增值税额占同期全部已抵扣进项税额的比重。

(四)纳税人应在增值税纳税申报期内,向主管税务机关申请退还留抵税额。

(五)纳税人出口货物劳务、发生跨境应税行为,适用免抵退税办法的,办理免抵退税后,仍符合本公告规定条件的,可以申请退还留抵税额;适用免退税办法的,相关进项税额不得用于退还留抵税额。

(六)纳税人取得退还的留抵税额后,应相应调减当期留抵税额。按照本条规定再次满足退税条件的,可以继续向主管税务机关申请退还留抵税额,但本条第(一)项第 1 点规定的连续期间,不得重复计算。

(七)以虚增进项、虚假申报或其他欺骗手段,骗取留抵退税款的,由税务机关追缴其骗取的退税款,并按照《中华人民共和国税收征收管理法》等有关规定处理。

(八)退还的增量留抵税额中央、地方分担机制另行通知。

九、本公告自 2019 年 4 月 1 日起执行。

特此公告。

财政部　税务总局　海关总署

2019 年 3 月 20 日

附录4 水利部办公厅关于调整水利工程计价依据增值税计算标准的通知

办财务函〔2019〕448号

部直属各单位，各省（自治区，直辖市）水利（水务）厅（局），各计划单列市水利（水务）局，新疆生产建设兵团水利局：

根据《财政部 税务总局 海关总署关于深化增值税改革有关政策的公告》（财政部 税务总局 海关总署公告2019年第39号），现将《水利工程营业税改征增值税计价依据调整办法》（办水总〔2016〕132号）中的增值税计算标准调整如下：

一、工程部分

1. 施工机械台时费定额的折旧费除以1.13调整系数，修理及替换设备费除以1.09调整系数，掘进机及其他由建设单位采购、设备费单独列项的施工机械，设备费采用不含增值税进项税额的价格。

2. 建筑及安装工程费的税金税率为9%。

3. 以费率形式表示的安装工程定额，装置性材料费费率除以1.13调整系数。

4. 编制概（估）算文件时，材料价格采用不含增值税进项税额的价格，主要材料适用税率为13%，次要材料及其他材料计算方法暂不调整。

二、水土保持工程部分

1. 施工机械台时费定额的折旧费除以1.13调整系数，修理及替换设备费除以1.09调整系数。

2. 税金税率为9%。

以上计算标准自2019年4月1日起执行，各省（自治区，直辖市）可结合本地区计价依据管理的实际情况，调整增值税计算标准。

水利部办公厅
2019年4月4日

参 考 文 献

［1］ 中华人民共和国水利部. 水利工程设计概（估）算编制规定［M］. 北京：中国水利
水电出版社，2015.

［2］ 中华人民共和国水利部. 水利建筑工程概算定额（上、下册）［M］. 郑州：黄河水
利出版社，2002.

［3］ 中华人民共和国水利部. 水利水电设备及安装工程概算定额［M］. 郑州：黄河水利
出版社，2002.

［4］ 中华人民共和国水利部. 水利工程施工机械台时费定额［M］. 郑州：黄河水利出版
社，2002.

［5］ 中华人民共和国水利部. 水利工程概预算补充定额［M］. 郑州：黄河水利出版
社，2005.

［6］ 陈全会，王修贵，谭兴华. 水利水电工程定额与造价［M］. 北京：中国水利水电出
版社，2003.

［7］ 李春生，胡祥建，水利工程造价编制实训［M］. 郑州：黄河水利出版社，2008.

［8］ 方国华，朱成立. 水利水电工程概预算［M］. 2版. 郑州：黄河水利出版社，2020.

［9］ 徐学东，姬宝林. 水利水电工程概预算［M］. 北京：中国水利水电出版社，2005.

［10］ 钟汉华. 水利水电工程造价［M］. 北京：科学出版社，2004.